实验操作技术系列丛书

医学细胞分子生物学实验操作技术

主　编　王　振　张　政　肖园园
副主编　付　莉

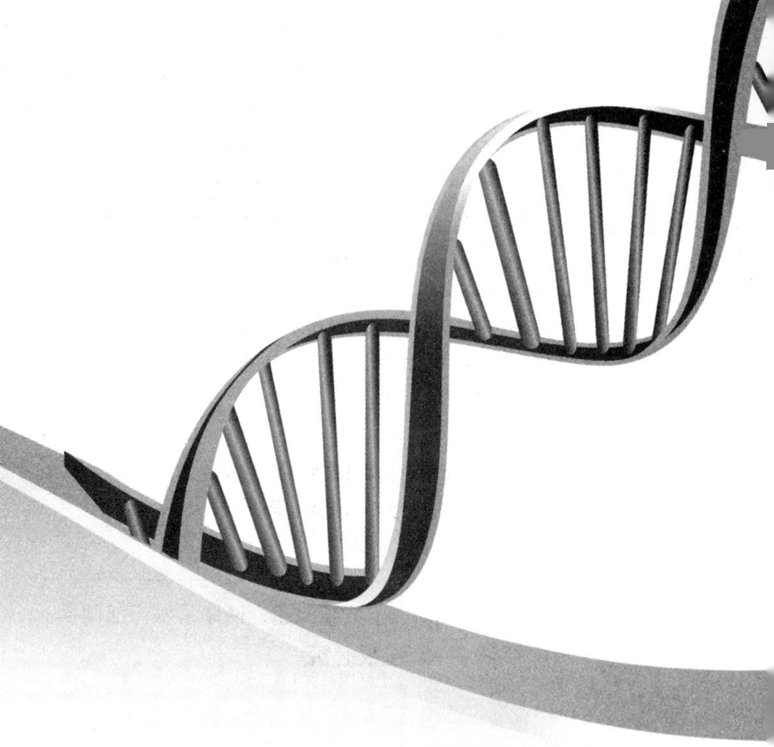

四川大学出版社
SICHUAN UNIVERSITY PRESS

图书在版编目（CIP）数据

医学细胞分子生物学实验操作技术 / 王振，张政，肖园园主编. — 成都 : 四川大学出版社，2022.10
（实验操作技术系列丛书）
ISBN 978-7-5690-5735-5

Ⅰ. ①医… Ⅱ. ①王… ②张… ③肖… Ⅲ. ①医学－细胞生物学－分子生物学－实验 Ⅳ. ①Q7-33

中国版本图书馆 CIP 数据核字（2022）第 187118 号

书　　名：医学细胞分子生物学实验操作技术
　　　　　Yixue Xibao Fenzi Shengwuxue Shiyan Caozuo Jishu
主　　编：王　振　张　政　肖园园
丛 书 名：实验操作技术系列丛书

丛书策划：周　艳　蒋　玙
选题策划：周　艳　张　澄
责任编辑：张　澄
责任校对：王　锋
装帧设计：墨创文化
责任印制：王　炜

出版发行：四川大学出版社有限责任公司
　　　　　地址：成都市一环路南一段 24 号（610065）
　　　　　电话：（028）85408311（发行部）、85400276（总编室）
　　　　　电子邮箱：scupress@vip.163.com
　　　　　网址：https://press.scu.edu.cn
印前制作：四川胜翔数码印务设计有限公司
印刷装订：四川五洲彩印有限责任公司

成品尺寸：185mm×260mm
印　　张：6.5
字　　数：148 千字

版　　次：2022 年 10 月 第 1 版
印　　次：2022 年 10 月 第 1 次印刷
定　　价：30.00 元

本社图书如有印装质量问题，请联系发行部调换

四川大学出版社
微信公众号

目 录

Contents

第一章 分子克隆 …… 1

第一节 基因扩增…… 1
第二节 琼脂糖凝胶电泳…… 2
第三节 DNA 纯化回收 …… 4
第四节 片段酶切与连接…… 5
第五节 感受态细胞制备…… 6
第六节 化学转化法…… 7
第七节 菌落 PCR …… 8

第二章 核酸分析 …… 10

第一节 RNA 提取及逆转录 …… 10
第二节 实时荧光定量反转录聚合酶链反应…… 12
第三节 染色质免疫共沉淀…… 14

第三章 蛋白质表达鉴定与纯化…… 18

第一节 大肠杆菌诱导表达重组蛋白质…… 18
第二节 毕赤酵母诱导表达重组蛋白质…… 20
第三节 包涵体蛋白质的分离纯化…… 22
第四节 蛋白质的分离纯化…… 24

第四章　蛋白质分析实验 …… 27

第一节　蛋白质印迹法 …… 27
第二节　免疫沉淀 …… 31
第三节　免疫共沉淀 …… 33
第四节　免疫组织化学染色 …… 35
第五节　细胞免疫荧光 …… 37
第六节　组织免疫荧光 …… 39
第七节　双抗体夹心酶联免疫吸附实验 …… 42
第八节　荧光素酶报告基因检测 …… 44

第五章　细胞培养 …… 46

第一节　贴壁细胞传代 …… 46
第二节　悬浮细胞传代 …… 47
第三节　细胞冻存 …… 48
第四节　细胞复苏 …… 49

第六章　原代细胞分离 …… 51

第一节　小鼠骨髓细胞分离 …… 51
第二节　小鼠肝实质细胞和肝非实质细胞分离 …… 52
第三节　非哺乳类脊椎动物肝脏原代细胞分离 …… 54
第四节　人原代角质形成细胞分离 …… 56
第五节　小鼠原代角质形成细胞分离 …… 58

第七章　细胞功能学实验 …… 61

第一节　真核细胞转染和稳定转染细胞株筛选 …… 61
第二节　真核细胞慢病毒感染和稳定转染细胞株筛选 …… 62
第三节　流式细胞术周期检测 …… 65
第四节　流式细胞术凋亡检测 …… 66
第五节　细胞迁移侵袭实验 …… 67
第六节　EdU 细胞增殖检测 …… 69
第七节　细胞外泌体提取及鉴定 …… 70
第八节　透射电镜观察细胞超微结构 …… 73
第九节　苏木精－伊红染色 …… 74

第十节 组织流式细胞术…… 77
第十一节 小鼠肝癌微环境细胞功能学检测…… 79
第十二节 小鼠结直肠炎或结直肠癌微环境细胞功能学检测…… 80
第十三节 小鼠皮肤癌微环境细胞功能学检测…… 81
第十四节 小鼠银屑病皮损微环境细胞功能学检测…… 82
第十五节 小鼠肝脏损伤微环境细胞功能学检测…… 84
第十六节 小鼠肝脏再生微环境细胞功能学检测…… 85

参考文献 …… 88

第一章
分子克隆

第一节　基因扩增

一、实验介绍

基因扩增是利用聚合酶链式反应（PCR），在体外对DNA模板进行特异性扩增的过程。

二、实验材料

引物、模板、DNA聚合酶、PCR仪。

三、实验步骤

（一）引物设计

（1）引物应在核酸序列保守区内进行设计，并具有特异性。不应在扩增序列的二级结构区设计引物，以免退火困难。

（2）引物设计控制在15～35个碱基数，引物内部鸟嘌呤与胞嘧啶含量应控制在40%～60%。

（3）引物碱基序列应随机分布，避免在其3'端有3个鸟嘌呤或3个胞嘧啶成串排列，同时，3'端的末位碱基最好选胸腺嘧啶、胞嘧啶、鸟嘌呤（而非腺嘌呤）。

（4）在设计简并引物时，引物两端最好为1～2个嘌呤碱基。

（5）引物3'端碱基应与模板严格配对，5'端碱基可呈游离状态，以便在其末端增加酶切位点、启动子序列等。

（6）避免引物具有二级结构式形成引物二聚体。

（7）两条引物的Tm值相差范围应控制在5℃以内，依据两条引物中较低的Tm值选定退火温度，可以通过改变引物的长度或设计位点来控制引物的退火温度。

（8）起始密码子前尽量收集或人为添加科扎克序列（科扎克序列即Kozak序列，指位于真核生物mRNA 5'端帽子结构后面的一段核酸序列，在mRNA翻译的起始阶段具有重要作用）以增加其表达效率。

（二）基因编码区PCR扩增

（1）该步骤主要依据DNA聚合酶体外扩增目的DNA片段，选择适合的DNA聚合酶是 PCR 反应的关键。

（2）依据所选 DNA 聚合酶，依照具体说明书进行 PCR 反应体系配置及反应程序设定。

（三）常用 DNA 聚合酶介绍

（1）TaqDNA 聚合酶具有 5' 至 3' 端的聚合酶及核酸外切酶活性，不具备 3' 至 5' 端核酸外切酶活性，其扩增产物为黏性末端。其优点是耐热性较好，缺点是保真度较低。

（2）PfuDNA 聚合酶具有 5' 至 3' 端的聚合酶活性以及 3' 至 5' 端核酸外切酶活性，其优点是保真度较高，常用于定点突变等实验，缺点是扩增速率仅为 TaqDNA 聚合酶的 14%左右，其扩增产物为平末端，常用于扩增片段在两千碱基以内的 PCR 产物。

（3）KODDNA 聚合酶具有 5' 至 3' 端的聚合酶活性及较强的 3' 至 5' 端核酸外切酶活性，其优点为高保真度，较 PfuDNA 聚合酶更高，约为 TaqDNA 聚合酶的 50 倍，且扩增速度较快，其扩增产物为平末端，常用于扩增片段在六千碱基以内的 PCR 产物。

（4）VentDNA 聚合酶具有 5' 至 3' 端的聚合酶活性以及 3' 至 5' 端核酸外切酶活性，优点为保真度较 TaqDNA 聚合酶高，耐热性好，其扩增产物为平末端，常用于扩增片段大于十二万碱基的 PCR 产物。

四、注意事项

（1）在进行首次产物扩增时，建议进行退火温度测试并以退火温度为标准，2℃为梯度，上下设置 2～3 个梯度进行扩增反应。

（2）若经检测发现无扩增产物，可以适量增加 cDNA 模板量。

（3）检查扩增产物鸟嘌呤和胞嘧啶含量，若发现含量大于 70%，可适量加入 1～2μL 二甲基亚砜或者甜菜碱进行扩增。

（4）扩增后需检查引物特异性。

（5）当扩增模板为质粒时，建议以较高倍数稀释后（根据质粒浓度确定稀释倍数，一般为 1000～10000 倍）再进行扩增。

（6）反应程序设定中，延伸时间一般应大于扩增目的产物所需最短时间，以确保产物完全扩增。

第二节　琼脂糖凝胶电泳

一、实验介绍

琼脂糖凝胶电泳是分子生物学技术中较为基础的实验操作，也是必须掌握的入门实验操作，主要用于各种 PCR 产物检测，以及 DNA、RNA 的质量鉴定。本节介绍了常用的琼脂糖凝胶电泳检测流程。

二、实验材料

PCR 产物、琼脂糖、TAE 电泳缓冲液（4.8g 三羟甲基氨基甲烷、0.7g 乙二胺四乙酸二钠二水化合物，加入约 600mL 的去离子水，充分搅拌，加入 1.1mL 的冰乙酸，充分搅拌，去离子水定容至 1L）、锥形瓶、封口膜或保鲜膜、微波炉、商品化 GoldView 核酸染料、模具、孔梳、电泳槽、商品化 DNA 上样缓冲液、DNA Marker、凝胶成像仪、模具。

三、实验步骤

（一）琼脂糖凝胶配置

（1）根据待检测的 PCR 产物长度，选取适宜浓度的琼脂糖（一般选取 0.5%～5.0%琼脂糖）。PCR 产物越短，琼脂糖浓度应越高，一般情况下，1%的琼脂糖适用 5000～10000 碱基数的 PCR 产物检测。

（2）称量适量琼脂糖粉末转入装有 TAE 电泳缓冲液的锥形瓶内，随后将锥形瓶用封口膜或保鲜膜包裹，并随机打孔，配置成凝胶溶液。

（3）将配置好的凝胶溶液转移至微波炉加热，推荐中火慢煮，煮沸 30s 后拿出混匀，重复此步骤 2～3 次以保证充分溶解。最后 1 次加热煮沸后，取出凝胶溶液冷却至 60～70℃，按照说明书加入适量商品化 GoldView 核酸染料，混匀，倒入模具中，插入孔梳，室温冷却凝固后即成琼脂糖凝胶。

（二）电泳检测

（1）将琼脂糖凝胶置于电泳槽内，倒入 TAE 电泳缓冲液，以没过琼脂糖凝胶 1～3mm 为宜，避免样品孔内产生气泡。

（2）取适量待检测的 PCR 产物，加入 1～2μL 商品化 DNA 上样缓冲液，混匀后缓慢加入上述样品孔内，避免产生气泡。

（3）接通电泳槽电源，PCR 产物由负极向正极泳动，根据 DNA Marker 泳动位置判断是否终止电泳。通常情况下设置电压 80～120V、电流 40mA、电泳 20～30min。

（4）将电泳结束后的琼脂糖凝胶进行凝胶成像仪检测。

四、注意事项

（1）微波炉加热时，凝胶溶液体积不建议超过容纳容器的 50%。

（2）为防止交叉污染，建议每加完一个样品后要更换移液器枪头，注意上样时小心操作，避免损坏琼脂糖凝胶或将样品孔底部刺穿。

（3）凝胶溶液在微波炉中加热时间不宜过长，其间可拿出混匀，随后继续加热。

（4）溶解琼脂糖粉末时，务必确保完全溶解，否则会造成电泳成像模糊，无法判断条带位置。

（5）商品化 GoldView 核酸染料不宜加入过多，否则会影响电泳成像质量。

第三节　DNA 纯化回收

一、实验介绍

DNA 纯化回收指将各种 PCR 反应体系中存在的 DNA 片段利用洗脱液通过硅胶基质膜单独回收的过程。尽管 DNA 纯化回收试剂盒品牌众多，但其操作流程基本一致。本节以目前最通用的方式，即采用 DNA 纯化回收试剂盒纯化回收为例进行描述。

二、实验材料

PCR 反应液、DNA 纯化回收试剂盒、刀片、琼脂糖凝胶、离心管、凝胶切割仪。

三、实验步骤

琼脂糖凝胶电泳检测后若为单一条带，可直接采用 DNA 纯化回收试剂盒按照相关说明，将 PCR 反应液纯化回收，−20℃保存。琼脂糖凝胶电泳检测后若出现杂带，则需要进行切胶回收，具体步骤如下。

（1）将 PCR 反应液全部加入被浸没的琼脂糖凝胶样品孔内进行电泳，若 PCR 反应液体积较大，可分置于几个孔内。

（2）电泳时间为 30～40min，以便将杂带区分。

（3）在凝胶切割仪下，用无 DNA 污染的刀片将目的片段从琼脂糖凝胶上切下来，转移至离心管，加入 DNA 纯化回收试剂盒中的凝胶溶解液，65℃水浴加热至凝胶完全溶解，按照 DNA 纯化回收试剂盒中的相关说明进行 PCR 产物浓缩、洗脱、晾干和溶解，纯化的 PCR 产物置于−20℃保存。

四、注意事项

（1）若采用的 PCR 扩增模板为质粒时，则必须进行切胶回收，以防止质粒污染。

（2）切胶时最好在琼脂糖凝胶下垫 PE 手套，采用无 DNA 污染的刀片，以杜绝外源 DNA 污染。

（3）PCR 产物晾干时，应确保洗脱过程残留的无水乙醇挥发完全，否则会影响后续酶切实验。

（4）切胶所得的凝胶溶解时，禁止为了提高回收浓度而缩小最小溶解体积，否则凝胶溶解液无法覆盖硅基质膜，可能导致 PCR 产物回收不全。

（5）若发现回收的 PCR 产物得率较低，可能有以下几个原因：

1）切胶所得的凝胶尚未完全溶解，应酌情适当增加凝胶水浴加热时间。

2）切胶所得的凝胶体积较大，可适当切割成较小体积，进行多次回收。

3）洗脱时洗脱液中未加乙醇。

第四节　片段酶切与连接

一、实验介绍

限制性内切酶可以在核酸序列上识别特异的酶切位点序列，然后进行切割，在切割位点形成黏性末端。T4DNA 连接酶可以催化黏性末端或平末端双链 DNA 或 RNA 的 5' 端的磷酸基团和 3' 端的羟基基团以磷酸二酯键结合。本节介绍限制性内切酶酶切实验操作的基本流程和利用 T4DNA 连接酶催化 DNA 片段和线性载体的连接反应。

二、实验材料

待切样品、限制性内切酶及商品化配套缓冲液、碱性磷酸酶、DNA 纯化回收试剂盒、T4DNA 连接酶、去 RNA 酶的双蒸水、离心管、分光光度计。

三、实验步骤

（一）限制性内切酶酶切

（1）酶切前确定待切样品浓度，选择与引物设计位点相符的限制性内切酶及商品化配套缓冲液。

（2）配制 20～40μL 酶切反应体系，以便于后续产物回收，瞬时离心，使待切样品全部沉于管底，切忌振荡混匀。

（3）根据所选限制性内切酶特性，选择合适的酶切温度和反应时间，若待切样品为 PCR 产物，则可将反应时间适当延长。

（4）若待切样品为质粒，利用琼脂糖凝胶电泳检测酶切效果时，应设置未酶切的质粒作为对照组。

（5）双限制性内切酶酶切：若实验需要选择此法，须确保两种限制性内切酶温度条件及商品化配套缓冲液条件统一，且两种限制性内切酶活性均大于 50%。若上述条件无法满足，则可以先用一种限制性内切酶进行反应，进行回收纯化后再用另一种限制性内切酶进行反应。

（6）环状质粒经限制性内切酶酶切之后，进行琼脂糖电泳检测时，若酶切彻底，单酶切为一条条带、双酶切为两条条带。若实际检测条带多于理论值，则说明酶切不完全。若酶切环状质粒与未酶切的琼脂糖凝胶电泳检测结果一致，则说明环状质粒完全没有被切开。

（二）连接反应

（1）根据碱性磷酸酶相关使用说明处理线性载体，使线性载体 5' 端的磷酸基团转变为羟基基团，可有效防止自身环化。处理后的线性载体可以用 DNA 纯化回收试剂盒进行回收，－20℃保存。

（2）采用分光光度计检测线性载体与目的片段浓度。

（3）按照 T4DNA 连接酶相关使用说明配制连接反应体系。

（4）设置 T4DNA 连接酶的最适反应条件，如 22℃水浴连接 3h 或 4～8℃水浴连接过夜。

（5）连接后的连接反应体系可直接用于后续的转化反应，也可置于 4℃保存。

（6）若片段较难连接，可按比例将线性载体、目的片段以及去 RNA 酶的双蒸水加入离心管内，65℃水浴 5min，然后迅速冰浴 2min，加入 T4DNA 连接酶，然后 22℃水浴连接 1～2h 或 4℃水浴下连接过夜。

四、注意事项

（1）经限制性内切酶酶切后的线性载体 5' 端通常会带有磷酸基团，其自身环化概率极高，若使用该线性载体，不仅会降低后续连接、转化效率，且易造成假阳性结果，所以需使用碱性磷酸酶进行处理。

（2）若片段为平末端，一般经 15～20℃水浴 4～8h 连接效果较好。若片段为黏性末端，一般经 22℃水浴 3h 或 4～8℃水浴过夜连接效果较好。

（3）拓扑异构酶连接方案适合少量高效连接，而不适合高通量筛选，且时间不宜过长。

（4）通常限制性内切酶贮存在 50%甘油中，因酶切反应体系中甘油浓度一旦超过 5%会引起非特异性酶切，因此建议总酶量不超过反应总体积的 10%。

（5）若酶切产物纯化回收后需进行后续实验，而非仅用于检测，可按比例适当扩大酶切反应体系。如进行质粒或 PCR 产物回收时，常用 20μL 酶切反应体系。仅进行检测时，常用 5μL 酶切反应体系。

（6）若进行较长时间反应，会造成酶切反应体系蒸发和星号活性反应，因此建议选择能完全切割所需的最少时间。

第五节　感受态细胞制备

一、实验介绍

通过某些理化方法处理细菌，使其处于膜通透性增加、容易摄取和容纳外源性 DNA、并且不易被体内的限制性内切酶分解的一种状态，此时即为感受态细胞。感受态细胞是载体表达的重要宿主。本节介绍了用 DH5α 菌株制备大肠杆菌 DH5α 感受态细胞的方法。

二、实验材料

DH5α 菌株、LB 培养基、细菌培养箱、SOC 培养基、摇床、离心管、SOB 培养基、锥形瓶、分光光度计、商品化 TB 溶液、二甲基亚砜、液氮、超净工作台。

三、实验步骤

（一）菌株接种及扩大培养

（1）划线接种 DH5α 菌株于不含抗生素的 LB 培养基平板上，37℃细菌培养箱培养过夜。

（2）挑选单菌落，接种于含 10mL SOC 培养基的离心管中。37℃，摇床 200rpm 振荡培养 12h。

（3）按 1∶100 的体积比例，取 1.5mL 菌种液加入含 150mL SOB 培养基的锥形瓶中制成菌液。20℃，摇床 200rpm 振荡培养过夜。

（4）采用分光光度计，以空白 SOB 培养基为对照组，每 30min 对菌液进行 1 次观测，至菌液的 *OD*600 为 0.4～0.6 时，终止培养。

（二）菌体激发

（1）将菌液冰浴 10min，分装至离心管中，以每管不超过 45mL 为宜，4℃、4000RCF 离心 10min，弃上清，收集沉淀。

（2）获得的沉淀经 45mL 商品化 TB 溶液轻柔重悬，冰浴 10min。4℃、4000RCF 离心 10min，弃上清，收集沉淀。

（3）获得的沉淀经 3mL 商品化 TB 溶液轻柔重悬，再加入商品化 TB 溶液至总体积为 12mL。

（4）缓慢滴入 840μL 二甲基亚砜，轻轻摇晃，使其充分混匀，冰浴 10min。

（5）按每管 80～100μL 分装于离心管内，液氮速冻 5min，−80℃保存。

四、注意事项

（1）上述所有操作应在超净工作台进行，并严格按照低温无菌要求进行操作。

（2）培养过夜后，每 30min 观测 1 次 *OD*600，防止菌体生长过度。

（3）锥形瓶内 SOB 培养基装量不建议超过总体积的 20%。

（4）若观测时 *OD*600 已超过 0.6，可通过按比例调节最终的商品化 TB 溶液用量来制备感受态细胞。

第六节　化学转化法

一、实验介绍

将构建好的载体转入感受态细胞进行表达的过程称为转化。本节介绍大肠杆菌 DH5α 感受态细胞化学转化法。

二、实验材料

大肠杆菌 DH5α 感受态细胞、质粒或 DNA 连接产物、SOC 培养基、氨苄霉素、

LB 培养基、细菌培养箱、摇床、超净工作台。

三、实验步骤

（一）DNA 转化

（1）−80℃下取出大肠杆菌 DH5α 感受态细胞，冰浴静置融化。

（2）加入 1μL 稀释后的质粒或 10μL DNA 连接产物，轻轻混匀（切忌涡旋），冰浴 30min。

（3）45℃水浴热激 30s，随后冰浴 2min。

（二）菌体复苏

（1）冰浴 2min 后，加入 1mL 预冷的 SOC 培养基，颠倒混匀。37℃、摇床 220rpm 振荡培养 1h，使菌体复苏，以表达质粒所编码的抗生素筛选标记。

（2）4000rpm 离心 2min，弃部分上清，预留 50～100μL 上清将菌体重悬。

（3）准备含 1‰氨苄霉素的 LB 培养基平板倒置于 37℃细菌培养箱，预热 20min。

（4）将菌体均匀涂布于上述平板表面，正向置于超净工作台内数分钟，使涂布的菌体被完全吸收，37℃细菌培养箱倒置培养过夜。

（5）观察平板上的菌落，以菌落之间互不粘连、间隔分开为宜。

四、注意事项

（1）化学转化中，质粒或 DNA 连接产物含量不超过 100ng。

（2）水浴热激时不可剧烈晃动。

（3）若进行蓝白斑筛选，还需在 LB 培养基平板上加入 40μL 2%的 5−溴−4−氯−3−吲哚−β−D−半乳糖苷以及 8μL 20%的异丙基硫代−β−D−半乳糖苷，并涂布均匀。

第七节　菌落 PCR

一、实验介绍

成功表达的阳性重组子可以利用扩增引物通过 PCR 进行鉴定。本节介绍通过大肠杆菌 DH5α 菌落进行菌落 PCR 鉴定阳性重组子。

二、实验材料

引物、离心管、氨苄霉素、LB 培养基、牙签、大肠杆菌 DH5α 菌落、DNA 聚合酶、PCR 仪、细菌培养箱、商品化 DNA 上样缓冲液、琼脂糖凝胶、超净工作台。

三、实验步骤

（一）菌落挑选

（1）根据 LB 培养基平板上生长的大肠杆菌 DH5α 菌落数量，配制 PCR 的反应体系，具体配置方法需按照不同品牌的DNA聚合酶使用说明而定。

（2）PCR反应体系中的cDNA模板即为菌落本身，因为菌落PCR反应程序中的高温变性步骤可以使菌体破碎，释放其内部质粒或基因组，成为cDNA模板。

（3）PCR反应体系中的引物可以使用表达载体的通用引物，或使用扩增PCR产物的特异性引物。

（4）配置的PCR反应体系以10μL/管分装至带有标记的离心管。

（5）准备含1‰氨苄霉素的LB培养基平板（即保种板）进行标记，保种板的标记方式对应上步中离心管的标记。

（6）超净工作台内，用灭菌的牙签蘸取大肠杆菌DH5α菌落，在保种板上点下，随后放入对应标记的离心管内，左右转动，将菌落洗入离心管内并丢弃牙签，按照编号依次进行操作，每次需换取新牙签，以防交叉污染。

（二）PCR验证及测序

（1）将含有菌落的PCR反应体系瞬时离心，依据所选DNA聚合酶的温度特性设置PCR仪的反应程序，开始PCR反应。

（2）保种板转移至37℃细菌培养箱培养过夜。

（3）PCR反应结束后，每管加入1～2μL商品化DNA上样缓冲液制成反应液，混匀后每管取5μL反应液进行琼脂糖凝胶电泳检测，根据电泳结果判定重组子的阳性或阴性。

（4）取保种板，挑取阳性菌落于装有5～10mL含1‰氨苄霉素的LB液体培养基的离心管内，经37℃、摇床200rpm振荡培养过夜，扩大培养。

（5）吸取1mL扩大培养的菌液进行测序，以验证结果是否准确。

四、注意事项

（1）蘸取菌落进行PCR时，以10个菌落以内为宜，务必挑取单个菌落，且挑取的菌体量不宜过多，否则易造成非特异性扩增。

（2）PCR反应的循环数不宜设置过多，一般25个循环以内为最佳。

第二章 核酸分析

第一节 RNA 提取及逆转录

一、实验介绍

RNA 的提取和逆转录是 PCR 反应开展的前提，也是许多分子生物学实验的基础。本节介绍目前常用的 RNA 提取和逆转录方法。

二、实验材料

Trizol 试剂、细胞、商品化生理盐水、组织、分析天平、液氮、研钵、离心管、氯仿、异丙醇、焦碳酸二乙酯（DEPC）水、乙醇、琼脂糖凝胶、分光光度计、DNA 去除酶、DNA 去除反应体系缓冲液、恒温箱、商品化逆转录缓冲液、逆转录酶、引物、去 RNA 酶的双蒸水。

三、实验步骤

（一）Trizol 法提取 RNA

（1）Trizol 试剂的主要成分是异硫氰酸胍，它能够裂解细胞，从而释放细胞内 RNA。若待检样品为细胞样品，细胞样品需先经商品化生理盐水洗涤 2 次，按照（5～10）$\times 10^6$个细胞加入 1mL Trizol 试剂的比例来裂解细胞样品。若待检样品为组织样品，则需将组织样品用分析天平称重，之后经液氮速冻，用研钵将组织样品研碎，按照 50～100mg 组织加入 1mL Trizol 试剂的比例来裂解组织样品。室温裂解 5min，待核蛋白质复合物充分分离，将 Trizol 试剂裂解样品转移至离心管。

（2）1mL 的 Trizol 试剂裂解样品加入 200μL 氯仿，剧烈摇晃混匀，静置 5min。

（3）4℃、13000rpm 离心 15min。离心后，混合物分为下层（黄色有机层）、中间层和上层（无色水相层，约占总体积的 50%）。RNA 存留于无色水相层。

（4）吸取无色水相层转移至另一离心管，切勿吸出中间层和黄色有机层，以防 RNA 污染。

（5）向取出的无色水相层中加入 500μL 4℃预冷的异丙醇，轻轻混匀，静置 10min。

（6）4℃、13000rpm 离心 10min，弃上清，收集沉淀。离心后可看到管底和管侧出现白色沉淀，即为萃取的 RNA。

（7）用 DEPC 水配置 75%乙醇，4℃预冷。加入 500μL 预冷的 75%乙醇，洗涤 RNA。

（8）4℃、7500RCF 离心 10min，弃上清，收集沉淀。沉淀经 75%乙醇重复洗涤 1～2 次，弃上清，吸干离心管中残留上清，收集沉淀。

（9）收集的沉淀静置 5～15min，直至晾干。

（10）加入 20～50μL DEPC 水溶解 RNA。

RNA 提取流程见图 2−1。

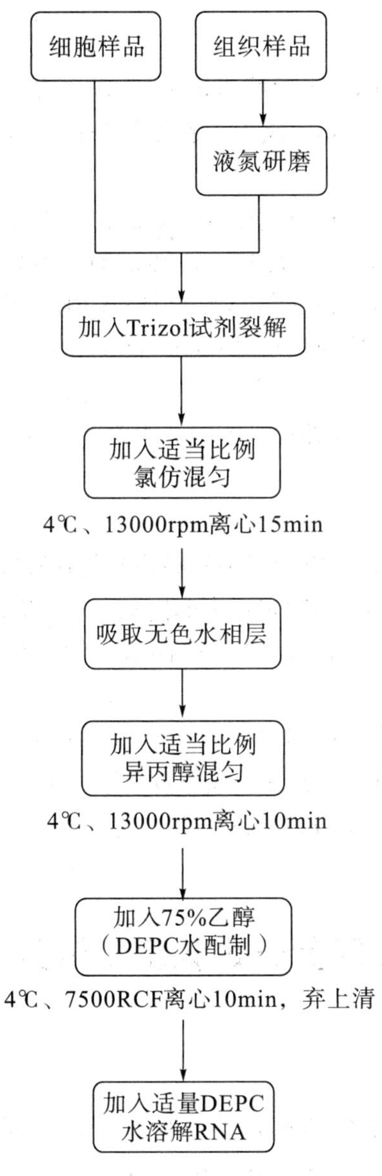

图 2−1 RNA 提取实验操作流程图

（二）RNA 完整性和质量检测

（1）配置 1%琼脂糖凝胶，采用琼脂糖凝胶电泳检测 RNA 完整性。

（2）电泳后完整的 RNA 会出现 28s、18s 和 5s 条带，18s 条带亮度大约是 28s 条带的 2 倍，5s 条带较弱。

（3）分光光度计测量 RNA 浓度及吸光度值，分析 RNA 纯度。若 *OD*260/280 约为 2.0、*OD*260/230 大于 2.0，提示提取的 RNA 质量较好。若 *OD*260/280 小于 2.0，提示提取的 RNA 可能存在蛋白质污染，可进行酚抽提去除蛋白质。若 *OD*260/230 小于 2.0，提示盐去除不充分。

（三）RNA 逆转录

（1）将提取的 RNA、DNA 去除酶和相应 DNA 去除反应体系缓冲液依次加入离心管，混匀，42℃恒温箱静置 2min，或 37℃恒温箱静置 30min，以去除所提取 RNA 中掺杂的 DNA。

（2）为保证 PCR 的质量，推荐使用两步法合成互补 DNA 后进行 PCR。

（3）依次加入商品化逆转录缓冲液、逆转录酶、引物、去 RNA 酶的双蒸水，混匀，配置逆转录体系。之后，将去除 DNA 的 RNA 加入此逆转录体系中。

（4）37℃条件下进行逆转录反应 15min。随后 85℃条件下反应 5s，将逆转录酶灭活。

（5）获得的逆转录产物可立即用于实验，或置于−20℃保存。

四、注意事项

（1）转移无色水相层时，不能吸出中间层和黄色有机层，以防 RNA 污染。

（2）异丙醇混匀和 75%乙醇洗涤时不可剧烈振荡，以防止 RNA 断裂。

（3）RNA 晾干后，切勿长时间放置，以防 RNA 降解。另外，晾干后的 RNA 放置时间过长可能导致其不易溶解。

（4）空气中及人呼出的气体中含有大量核糖核酸酶，导致 RNA 易降解。因此，RNA 提取应在超净工作台进行，操作者需佩戴口罩和手套，穿实验服。

（5）提取的 RNA 尽量避免反复冻融，可分装后置于−80℃保存，或提取之后直接进行实验。

第二节　实时荧光定量反转录聚合酶链反应

一、实验介绍

实时荧光定量反转录聚合酶链反应（Real time fluorescent quantitative reverse transcription polymerase chain reaction，qRT−PCR）可对细胞或组织中特定基因的 mRNA 水平进行定量分析，其原理是将荧光基团掺入 PCR 体系，随着序列扩增，荧光信号累积，通过荧光信号变化，建立标准曲线，对目的基因表达进行定量。目前 qRT−

PCR 检测方法包括 SYBR Green 法和 TaqMan 探针法。由于 SYBR Green 法具备成本低、扩增效率高等优点，其在基础及临床研究中得到了广泛应用。因此，本节主要针对 SYBR Green 法进行详细阐述。

二、实验材料

互补 DNA、qRT－PCR 前引物、qRT－PCR 后引物、Taq DNA 聚合酶、去离子水、PCR 管、qRT－PCR 仪器。

三、实验步骤

（一）引物设计

（1）引物的选用在一定程度上决定了扩增效率和扩增产物的特异性。引物可采用以往研究中报道的序列，也可自行设计。目前，常用的引物设计软件有 Primer、Beacondesign 等，常用的在线引物设计网站有 RTPrimerDB、Primerbank、Real Time PCR Primer Sets、NCBI primer blast 等。

（2）设计引物长度通常在 20 个碱基数左右，Tm 值 55～65℃，GC 含量 40%～60%，产物大小 100～250 个碱基数。另外，为保证特异性，引物最好跨目的基因的内含子序列。

（二）qRT－PCR 反应

（1）将逆转录获得的互补 DNA、qRT－PCR 前引物、qRT－PCR 后引物、Taq DNA 聚合酶和去离子水置于冰上，依次加入 PCR 管中，配置 qRT－PCR 反应体系。

（2）为了摸索引物的最佳退火温度，通常设置引物退火温度梯度区间为 55～65℃，每个温度 3 个复孔，同时设置对照组。设置 qRT－PCR 程序，预变性：95℃，30s。PCR（重复 40 个循环）：95℃，5s 变性；55～65℃，30～60s 退火和延伸。熔解设置：95℃，15s；60℃，30s；95℃，15s。

（3）利用软件分析实验数据，排除不特异的峰孔。综合考虑目的基因及内参基因 Ct 值，选择 Ct 值较小、基因表达量较高，且目的基因及内参基因相接近的温度为退火温度。

（4）根据目的基因的 Ct 值，选择合适的模板浓度稀释倍数，倍比稀释模板，稀释倍数至少为 5 种，从不同退火温度中选择 3 个退火温度，针对每种稀释倍数，对引物扩增效率进行检测，设置 3 个复孔。根据实验结果进行软件分析，制作标准曲线。综合 Ct 值、扩增效率、R^2 等确定最佳退火温度。扩增效率应在 90%～110%，R^2 大于 0.98。当斜率为－3.32 时扩增效率为 100%，因此斜率一般应在－3.2～－3.5。

（5）在最佳退火温度下进行 qRT－PCR，导出数据。

（三）数据分析

（1）熔解曲线不特异的峰孔一般不纳入分析。

（2）观察复孔间的 Ct 值重复性是否良好，将复孔间 Ct 差值大于 0.5 的孔去除。

（3）内参基因的 Ct 值一般控制在 15～20，目的基因 Ct 值一般不大于 33，若大于

33，需对本实验进行重复，重复3次且重复值差异性较小方可用于分析。若Ct值大于35，一般认为该基因不表达。

（4）将数据进行$2^{-\Delta\Delta Ct}$法进行计算分析，对目的基因表达进行相对定量。首先，对所有的试验样品和校准样品，用内参基因的Ct值归一目标基因的Ct值：ΔCt（Calibrator）=ΔCt（Target，calibrator）－ΔCt（Ref，calibrator）。其次，用校准样品的ΔCT值归一试验样品的ΔCt值：ΔΔCt=ΔCt（Test）－ΔCt（Calibrator）。最后，计算表达水平比率：$2^{-\Delta\Delta Ct}$=表达量的比值。

（5）如果同时检测的目的基因较多，可将所有的图片组合起来，只收集一个纵轴标注信使RNA相对含量，横坐标标注所检测的目的基因名称。

（6）数据结果可以以基因表达倍数呈现，这种情况一般要把某一对照组的表达倍数变化值设置为1，如将PBS缓冲液处理组或野生型小鼠组设置为1。

四、注意事项

（1）若扩增效率较低，可着重考虑更换引物进行扩增。若扩增产物不特异，可根据退火温度梯度扩增结果，选择适宜扩增的最佳退火温度。

（2）设计引物时，应考虑样品种属。

（3）脱氧核糖核酸模板量不宜过高，反应结束后Ct值介于18~35最佳。

（4）进行qRT－PCR时，每个样品设置3个复孔，整个反应中包含阴性对照组（模板为去离子水）和阳性对照组（确定表达目的基因的样品），如果一个复孔的Ct值与其他两个差别很大（大于0.5），则该孔数据应舍去。

（5）如果基因的Ct值较大（大于30），可选用三步法扩增，即退火和延伸步骤分别进行。

（6）如果样品量太大，同一个基因要分不同的板子进行PCR反应，最后进行基因表达量分析汇总时，需进行连板分析。

第三节　染色质免疫共沉淀

一、实验介绍

染色质免疫共沉淀技术（Chromatin immunoprecipitation assay，ChIP）是利用蛋白A/G琼脂糖珠、特定组蛋白质的生物抗体，将目标组蛋白质和与之结合的核苷酸片段沉淀下来，分离出沉淀物中的DNA，用于PCR或序列测定等检测，以研究蛋白质与DNA相互作用的技术。

二、实验材料

细胞培养皿、细胞、PBS缓冲液（8g NaCl、200mg KCl、1.44g Na_2HPO_4、240mg KH_2PO_4，蒸馏水定容至1L，pH7.2~7.4）、甲醛、甘氨酸、细胞刮、离心管、细胞裂解缓冲液（含1mmol/L二硫苏糖醇和复合型蛋白质酶抑制剂）、超声缓冲液

(50mmol/L HEPES、150mmol/L NaCl、1mmol/L 乙二胺四乙酸、1% Triton X－100、0.1%脱氧胆酸钠、0.1%十二烷基硫酸钠，pH7.4～8.0，使用前添加复合型蛋白质酶抑制剂)、超声破碎仪、去 RNA 酶的双蒸水、核糖核酸酶 A、蛋白质酶 K、恒温箱、商品化 DNA 纯化柱、抗体、蛋白质 A/G 琼脂糖珠、低盐洗涤液（20mmol/L Tris－HCl、150mmol/L NaCl、2mmol/L 乙二胺四乙酸、0.1%十二烷基硫酸钠，pH7.5～8.0)、摇床、高盐洗涤液（20mmol/L Tris－HCl、500mmol/L NaCl、2mmol/L 乙二胺四乙酸、1% Triton X－100、0.1%十二烷基硫酸钠，pH7.5～8.0)、TE 缓冲液(10mmol/L Tris－HCl、1mmol/L 乙二胺四乙酸，pH8.0)、洗脱缓冲液（1%十二烷基硫酸钠、100mmol/L $NaHCO_3$、200mmol/L NaCl，pH7.5～8.0)。

三、实验步骤

（一）样品的交联与样品制备

（1）为获取足够量的总蛋白质，单组实验最少准备一皿 10cm 细胞培养皿融合度达 80%～90%的细胞。弃培养基，PBS 缓冲液洗涤 2 次。

（2）每个细胞培养皿加入 2mL 的 1%甲醛，室温固定 5～15min，固定时间根据实验所用的具体细胞而定。

（3）加入 0.22mL 的 1.25mol/L 甘氨酸，静置孵育 5min，终止固定。

（4）用预冷 PBS 缓冲液洗涤细胞 2 次，用预冷细胞刮将细胞从细胞培养皿上刮下，转移至离心管，4℃、1000RCF 离心 5min，弃上清，收集沉淀。

（5）获得的沉淀置于－80℃保存或直接进行后续实验。

（二）细胞核提取和超声破碎

（1）取 1mL 细胞裂解缓冲液加入上述步骤获得的沉淀中，充分重悬，冰上孵育 10min，每 3min 涡旋混匀 1 次。

（2）4℃、5000RCF 离心 5min，弃上清，收集细胞核沉淀。加 1mL 细胞裂解缓冲液，重复离心 1 次，弃上清，收集细胞核沉淀。

（3）获得的细胞核沉淀经 1mL 超声缓冲液重悬，冰上孵育 10min。

（4）将超声破碎仪功率调至 50～100W（需进行预实验确定具体功率），细胞核悬液置于冰上进行超声破碎，每超声5～30s，置于冰上间歇 30s，超声处理至细胞核悬液不再浑浊。若同时处理多皿细胞，导致细胞核悬液的体积过大或浓度过高，会降低染色质片段化效率，可将细胞核悬液分多管进行超声处理，后续再把细胞核悬液进行混合。

（5）超声处理后 4℃，12000RCF 离心 15min。取上清（即交联的染色质样品），转移至新的离心管，充分混匀，取 50μL 进行核酸电泳实验，检测所剪切片段的大小分布情况。若剪切不完全，可适当延长超声处理时长。

（6）取 50μL 染色质样品，加入 100μL 去 RNA 酶的双蒸水和 2μL 核糖核酸酶 A，涡旋混匀，37℃恒温箱孵育 30min。

（7）加入 2μL 蛋白质酶 K，涡旋混匀，65℃恒温箱孵育 2h。

（8）使用商品化 DNA 纯化柱，对获得的样品进行纯化回收（若对纯度要求不高，可省略此步骤）。

（9）进行琼脂糖凝胶电泳，确定 DNA 片段大小，60%～90%的染色质片段需在要求范围内，DNA 浓度应在 50～200ng/μL。

（三）染色质免疫沉淀

（1）上述步骤中处理得到的样品，取出部分样品另存备用，作为实验的 Input 组。设置的阴性对照组中加入抗体同型 IgG。

（2）剩余样品作为实验组，向样品中加入对应抗体，每种抗体的用量需根据相关说明进行添加，单个免疫沉淀反应所需抗体量为 2～5μg，4℃、20rpm 旋转孵育 3h 或孵育过夜。

（3）使用 PBS 缓冲液置换蛋白质 A/G 琼脂糖珠原储存液。

（4）孵育后的样品经 10000RCF 离心 10s，加入蛋白质 A/G 琼脂糖珠，4℃、20rpm 旋转孵育至少 2h。

（5）4℃、1000RCF 离心 2min，小心取上清，转移至新的离心管。

（6）加入 1mL 的低盐洗涤液，4℃、摇床 200rpm 振荡孵育 5min，1000RCF 离心 2min，弃上清，收集沉淀。

（7）加入 1mL 的高盐洗涤液，4℃、摇床 200rpm 振荡孵育 5min，1000RCF 离心 2min，弃上清，收集沉淀。

（8）获得的沉淀经 1mL 的 TE 缓冲液重悬。4℃、1000RCF 离心 2min，小心移除上清，收集沉淀。获得的沉淀经 TE 缓冲液洗涤 2 次。

（四）染色质洗脱及解交联

（1）向上述经 TE 缓冲液洗涤的沉淀中加入 150μL 的洗脱缓冲液，65℃、1000rpm 振荡，金属浴中孵育 30min，将染色质从蛋白质 A/G 琼脂糖珠上洗脱下来。

（2）4℃，1000RCF 离心 2min。小心取上清，转移至新的离心管中。

（3）各组可利用相应设备检测样品中 DNA 浓度，后续利用 qRT－PCR 定量分析 ChIP 实验结果。

四、注意事项

（1）甲醛固定时间不宜过长，固定时间过长会影响后期复合物的剪切，导致样品无法剪切到合适的片段大小。

（2）超声破碎处理时探头要接近离心管底，但不要碰触到离心管底和管壁，否则会影响超声破碎效果。避免样品在超声前及超声过程中形成过多气泡，因为气泡会阻碍 DNA 断裂。若样品中已经出现气泡，可经 4℃、10000RCF 离心 2～3min 去除气泡，再进行超声处理。

（3）若超声破碎效果较差，可改用细胞均质仪等相关设备，在不影响细胞核完整性的情况下，促使细胞膜破裂。充分的细胞裂解有助于获得更多的染色质片段。

（4）超声过度会破坏染色质上抗原表位，最终导致抗体富集效率降低。如果延长超声破碎时间也无法得到理想大小的染色质片段时，建议重新制备样品。

（5）免疫沉淀过程中，抗体的使用量对实验结果影响较大，在首次实验前可参考抗体说明书进行预实验，摸索实验条件。

第三章
蛋白质表达鉴定与纯化

第一节 大肠杆菌诱导表达重组蛋白质

一、实验介绍

大肠杆菌表达系统是目前最为成熟的重组蛋白质表达系统，具备繁殖快、产量高、操作简便等优点。本节以大肠杆菌 DE3 感受态细胞中诱导表达 pGEX－6p－1－AvBD1 重组质粒为例进行描述。

二、实验材料

pGEX－6p－1－AvBD1 重组质粒（含谷胱甘肽巯基转移酶标签）、大肠杆菌 DE3 感受态细胞、氨苄霉素、氯霉素、LB 培养基、细菌培养箱、摇床、分光光度计、异丙基－β－D－硫代半乳糖苷、PBS 缓冲液（8g NaCl、200mg KCl、1.44g Na_2HPO_4、240mg KH_2PO_4，蒸馏水定容至 1L，pH7.2～7.4）、超声破碎仪、商品化 5×和商品化 1×蛋白上样缓冲液、聚丙烯酰胺凝胶快速配制试剂盒、商品化考马斯亮蓝染色液、恒温箱、脱色液（250mL 甲醇、80mL 冰醋酸，蒸馏水定容至 1L）、包涵体溶解液（含 1% Triton X－100、2mol/L 尿素、2mmol/L 二硫苏糖醇的 PBS 缓冲液，pH7.4）、谷胱甘肽巯基转移酶标签蛋白质纯化树脂、亲和层析柱、结合缓冲液（140mmol/L NaCl、2.7mmol/L KCl、10mmol/L Na_2HPO_4、1.8mmol/L K_2HPO_4，pH7.4）、洗杂缓冲液（140mmol/L NaCl、2.7mmol/L KCl、10mmol/L Na_2HPO_4、1.8mmol/L K_2HPO_4、1～10mmol/L 二硫苏糖醇，pH7.4）、洗脱缓冲液（50mmol/L 三羟甲基氨基甲烷、10mmol/L 还原型谷胱甘肽、1～10mmol/L 二硫苏糖醇，pH8.0）。

三、实验步骤

（一）化学转化及扩大培养

（1）将 pGEX－6p－1－AvBD1 重组质粒（含谷胱甘肽巯基转移酶标签）利用化学转化法转入大肠杆菌 DE3 感受态细胞，涂布于含 1‰氨苄霉素和氯霉素的 LB 培养基平板上，37℃细菌培养箱培养过夜。

（2）挑取 LB 培养基平板上单菌落，接种于含 1‰氨苄霉素和氯霉素的 5mL LB 培养基中，37℃、摇床 200rpm 振荡培养过夜。

（3）取上述培养过夜的 200μL 菌液，接种于含 1‰氨苄和氯霉素的 50mL LB 培养基中扩大培养，37℃、摇床 200rpm 振荡培养。

（4）分光光度计检测，当菌液 *OD*600 达到 0.6 时，终止培养。

（二）蛋白质诱导表达及鉴定

（1）上述菌液中加入异丙基－β－D－硫代半乳糖苷，使其终浓度为 0.6nmol/L。37℃，摇床 200rpm 振荡培养。其间收集 0h、2h、4h、6h、8h、10h 菌液。

（2）收集的菌液经 8000RCF 离心 10min，弃上清，菌体置于－80℃保存。

（3）菌体冰浴解冻，加入 20mL PBS 缓冲液，4℃超声处理 1h，至液体透亮。4℃、8000RCF 离心 10min，收集上清和沉淀。

（4）取 80μL 上清与 20μL 商品化 5×蛋白上样缓冲液混合，并挑取适量沉淀与 100μL 商品化1×蛋白上样缓冲液混合，100℃水浴加热 10min。

（5）上述两种混合溶液各取 10μL 上样，并进行十二烷基硫酸钠聚丙烯酰胺凝胶电泳，待电泳完成，切除浓缩胶部分，剩余部分放入商品化考马斯亮蓝染色液中，4℃恒温箱染色过夜。

（6）弃染色液，加入适量脱色液，适度加热后，摇床 80rpm 振荡脱色，重复数次至条带显现，凝胶成像后保存。

（三）包涵体溶解及纯化

十二烷基硫酸钠聚丙烯酰胺凝胶电泳检测时，若发现所表达蛋白质在上清中，则直接进行后续纯化。若发现所表达蛋白质在沉淀中，说明蛋白质以包涵体形式存在，需进行以下溶解和纯化步骤，以获得有活性且纯度较高的蛋白质。

（1）取 1～2g 包涵体沉淀，2mL PBS 缓冲液重悬。4℃、10000RCF 离心 10min，弃上清，收集沉淀。获得的沉淀经 PBS 缓冲液重复洗涤 3 次。

（2）获得的沉淀经 5mL 包涵体溶解液重悬，4℃恒温箱孵育过夜。

（3）选用谷胱甘肽巯基转移酶标签蛋白质纯化树脂，填入亲和层析柱中。

（4）用层析柱五倍体积的结合缓冲液平衡亲和层析柱，静置流出后，加入上述孵育过夜的沉淀，翻转混匀，4℃恒温箱静置 1～2h，收集流出液。

（5）加入洗杂缓冲液进行清洗，去除非特异性吸附的杂蛋白质，收集洗杂液。

（6）加入洗脱缓冲液洗脱，收集的洗脱液即含目的蛋白质的溶解液。

（7）将上述过程中得到的含目的蛋白质的溶解液利用蛋白质印迹法进行检测，将正确的含目的蛋白质的溶解液置于－80℃保存。

四、注意事项

（1）载体中目的基因序列最好经过密码子优化，以适用于大肠杆菌表达。

（2）不同蛋白质形成的包涵体不同，溶解方式也不相同，需根据实际情况优化溶解条件。

第二节 毕赤酵母诱导表达重组蛋白质

一、实验介绍

蛋白质表达系统是宿主表达外源基因或载体的一种系统。重组蛋白质表达技术是基因工程重要的组成技术之一，毕赤酵母表达系统具有调控机理严格的子醇氧化酶基因AOX1启动子，非常有利于外源基因的表达调控，并具有翻译后修饰蛋白的功能。本节以毕赤酵母GS115诱导表达pPIC9K－AvBD10重组质粒为例进行描述。

二、实验材料

毕赤酵母GS115菌种、YPD培养基、细菌培养箱、卡那霉素、摇床、分光光度计、离心管、超净工作台、YPD－HEPES（1.6mL YPD培养基和0.4mL 1mol/L HEPES缓冲液混合液，pH6.8）、二硫苏糖醇溶液、蒸馏水、山梨醇溶液、液氮、限制性内切酶SACI、DNA纯化回收试剂盒、pPIC9K－AvBD10重组质粒（含组氨酸标签）、电转杯、乙醇、电转仪、MD培养基、BMGY培养基、MM培养基、保鲜膜、甲醇、超滤浓缩管、涡旋混匀器、磁珠、商品化结合缓冲液、商品化洗涤缓冲液、咪唑洗脱缓冲液（母液包括1mol/L Tris－HCL、5mol/L NaCl、5mol/L咪唑、蒸馏水，用蒸馏水稀释母液配制成0nmol/L、25nmol/L、50nmol/L、100nmol/L、200nmol/L、250nmol/L的咪唑洗脱缓冲液）、PBS缓冲液（8g NaCl、200mg KCl、1.44g Na_2HPO_4、240mg KH_2PO_4、蒸馏水定容至1L，pH7.2~7.4）。

三、实验步骤

（一）制备毕赤酵母GS115感受态细胞

（1）毕赤酵母GS115菌种划线接种至不含抗生素的YPD培养基平板上，30℃细菌培养箱培养过夜。

（2）挑取毕赤酵母GS115单菌落，接种至含1‰卡那霉素的5mL YPD培养基中，30℃、摇床250rpm振荡培养过夜。

（3）取上述培养过夜的200μL菌液接种至含1‰卡那霉素的100mL YPD培养基中，30℃、摇床250rpm振荡培养。

（4）分光光度计检测，当菌液*OD*600达到1.3~1.5时，终止培养。

（5）将菌液在超净工作台内分装至离心管，冰浴15min。

（6）菌液经4℃、750RCF离心5min，弃上清，收集沉淀。

（7）沉淀经2mL YPD－HEPES重悬，随后缓慢加入75μL 1mol/L二硫苏糖醇溶液。

（8）上步含二硫苏糖醇的重悬菌液经30℃，摇床100rpm振荡培养25min。

（9）加入40mL预冷的蒸馏水。4℃、750RCF离心5min，弃上清，收集沉淀。

（10）沉淀经20mL预冷的1mol/L山梨醇溶液重悬。4℃、750RCF离心5min，弃上清，收集沉淀，经 1mol/L 山梨醇溶液重复洗涤 1 次。

（11）沉淀经 10mL 预冷的 1mol/L 山梨醇溶液重悬，以每管 100μL 分装至离心管，液氮速冻后置于－80℃保存。

（二）电击转化

（1）利用限制性内切酶 SACI 对 pPIC9K－AvBD10 重组质粒进行酶切，随后琼脂糖凝胶核酸电泳检测，利用 DNA 纯化试剂盒进行切胶，回收线性化的 pPIC9K－AvBD10 重组质粒（含组氨酸标签），分光光度计测定重组质粒浓度。

（2）准备 0.2cm 电转杯，用 75％乙醇浸泡消毒 10min，冰浴 5min。

（3）取出－80℃保存的毕赤酵母 GS115 感受态细胞，冰浴解冻，加入 20μg 线性化 pPIC9K－AvBD10 重组质粒（含组氨酸标签），形成转化体系，加入电转杯中，冰浴 5min。

（4）设置电转仪参数：电压 1.5kV，电容 25μV，电阻 200～400Ω，时间 4～10ms，开始电转。

（5）立即加入预冷的 1mL YPD－HEPES，轻轻混匀后转移至 1.5mL 离心管。30℃，摇床 100rpm 振荡培养 3～4h。

（6）菌液涂布于含 1‰卡那霉素的 MD 培养基平板，30℃细菌培养箱培养 2～3 天。

（三）菌落鉴定

（1）挑取上述 MD 培养基平板上的单菌落，接种于含 1‰卡那霉素的 2mL MD 培养基中，30℃、摇床 250rpm 培养过夜。

（2）取上述培养过夜的 50μL 菌液 4℃暂存，另取 500μL 菌液转移至离心管中，液氮反复冻融 9～10 次裂解细胞壁，1500rpm 离心，弃上清，收集沉淀。

（3）沉淀经 5μL 蒸馏水重悬，进行菌落 PCR 反应（模板为重悬的沉淀）。

（4）琼脂糖凝胶电泳鉴定阳性重组酵母转化子。

（四）重组酵母转化子的诱导表达

（1）将鉴定得到的阳性重组酵母转化子所对应的 4℃暂存的 50μL 菌液接种于含 1‰卡那霉素的 5mL MD 培养基中，29℃、摇床 240rpm 培养过夜。

（2）取 1mL 培养过夜的菌液接种于含 1‰卡那霉素的 50mL BMGY 培养基中，28℃、摇床 240rpm 振荡培养。

（3）分光光度计检测，当 *OD*600 为 2～6 时，终止培养。

（4）菌液经 4℃、4000rpm 离心 5min，弃上清，收集沉淀。

（5）沉淀经含 1‰卡那霉素的 MM 培养基重悬，使 *OD*600 约等于 1，用保鲜膜封口，28℃、摇床 240rpm 振荡培养。

（6）每 24h 向 MM 培养基中添加甲醇，使甲醇终浓度维持在 0.5％～1.0％。

（7）0h、24h、48h、72h、96h 各取 1mL 菌液，12000rpm 离心 5min，收集上清和沉淀，做好标记后置于－80℃保存。

（五）蛋白质浓缩及纯化

（1）采用蛋白质印迹法筛选目的蛋白质表达的最佳培养时间。

（2）选取截留分子量为3kD左右的超滤浓缩管。

（3）将菌液加入超滤浓缩管中，5000rpm离心15min。收集截留部分，反复操作直至将终体积浓缩为10mL，转移至离心管中，4℃保存。

（4）利用涡旋混匀器混匀磁珠，取2mL磁珠混合液于上步装有菌液的离心管中，磁性分离，弃上清，收集沉淀。

（5）加入10mL商品化结合缓冲液，轻轻翻转数次，重悬获得的磁珠，磁性分离，弃上清，收集沉淀，重复洗涤2～3次。

（6）加入浓缩后的菌液上清液，轻轻翻转数次，重悬获得的磁珠，置于涡旋混匀器上，4℃混匀3h，磁性分离，弃上清，收集沉淀。

（7）加入10mL商品化洗涤缓冲液，轻轻翻转数次，重悬获得的磁珠，磁性分离，收集上清。重复2～3次，收集每次获得的上清，待后续检测。

（8）使用咪唑洗脱缓冲液，然后按照从低到高的浓度洗脱上述磁珠，磁性分离，收集每次获得的上清，待后续检测。

（9）将上述每次获得的上清分别进行蛋白质印迹法鉴定，确定最佳洗脱浓度。

（10）将上述鉴定得到的含有蛋白质浓缩液的超滤浓缩管浓缩，置换到PBS缓冲液中，分装于离心管中，置于－80℃保存。

第三节　包涵体蛋白质的分离纯化

一、实验介绍

包涵体是一种由膜包裹的，具有高密度、不溶性特性的蛋白质颗粒。包涵体中的重组蛋白质占比过半，在显微镜下形成高折射区。其形成可能与重组蛋白质形成的速率、合成的环境因素（pH值、温度等）、折叠所需的辅助因子等有关。包涵体表达蛋白质虽然具有不溶性，但具有以下优点：由于其外部被一层膜包裹，可以明显降低蛋白质酶的作用；包涵体没有生物活性，不会对宿主产生毒害作用；包涵体蛋白质的形成在一定程度上可用于区分其他溶解性杂蛋白质。包涵体的纯化主要分为提取、纯化、溶解、复性等几个阶段。

二、实验材料

菌液、裂解缓冲液（12.11g三羟甲基氨基甲烷、146.1g NaCl、500mL甘油，去离子水定容至5L，pH8.0）、超声破碎仪、STET缓冲液（1.21g三羟甲基氨基甲烷、0.37g乙二胺四乙酸、5.84g NaCl、10mL Triton X－100，去离子水定容至1L，pH8.0，使用前添加二硫苏糖醇至终浓度为1mmol/L）、PBS缓冲液（8g NaCl、200mg KCl、1.44g Na_2HPO_4、240mg KH_2PO_4，去离子水定容至1L，pH7.2～7.4）、6mol/L盐酸胍溶液（286.59g盐酸胍、1.21g三羟甲基氨基甲烷，去离子水定容至0.5L，pH8.0，使用前添加二硫苏糖醇至终浓度为5mmol/L）、摇床、3mol/L盐酸胍溶液（28.7g盐酸胍、0.082g醋酸钠、0.37g乙二胺四乙酸，去离子水定容至0.1L， pH4.2)、复性液（0.077g 氧化型谷胱甘肽、0.385g 还原型谷胱甘肽、0.186g 乙二胺四乙酸、17.42g 精氨酸、3.03g 三羟甲基氨基甲烷，去离子水定容至 0.25L，pH8.0)、磁力搅拌器、透析袋、商品化 PGE3000 饱和溶液、TE 缓冲液（1.21g 三羟甲基氨基甲烷、0.372g 乙二胺四乙酸，去离子水定容至 1L，pH8.0)、滤器。

三、实验步骤

（一）包涵体提取

（1）菌液经 4℃、5000RCF 离心 10min，弃上清，收集沉淀。

（2）按照每 1g 沉淀加入 10mL 裂解缓冲液的比例，重悬混匀细胞沉淀。

（3）利用超声破碎仪裂解，设置工作参数为 200W，菌液置于冰上进行超声破碎，每超声 5s，置于冰上间歇 10s，总时长控制在 20～30min。超声裂解过程中可观察到菌液由混浊状态变成半透明状态，说明菌体破裂，表达蛋白质得到释放。若菌液总体积大于 50mL，可考虑使用高压均质仪代替传统超声破碎仪裂解，效果更好，样品损耗更小。

（4）超声处理的菌液经 4℃、15000RCF 离心 30min，分别收集上清和沉淀，4℃保存。

（5）分别取上清和沉淀进行蛋白质印迹法检测，根据目标分子量大小及丰度确定蛋白质是否表达，包涵体蛋白质主要存在于沉淀中。

（二）包涵体纯化

（1）每 1g 上述沉淀加入 20mL STET 缓冲液重悬。

（2）利用超声破碎仪促进杂蛋白质的溶解，设置工作参数为 200W，冰上进行超声破碎，每超声 5s，置于冰上间歇 10s，总时长控制在 10min。

（3）超声处理的溶液经 4℃、15000RCF 离心 15min，弃上清，收集沉淀。

（4）沉淀经 PBS 缓冲液重悬，重复超声处理和离心回收 2～3 次。

（三）包涵体溶解

（1）每 1g 纯化后的包涵体沉淀经 10mL 6mol/L 盐酸胍溶液重悬，37℃、摇床 220rpm 振荡2～4h，至包涵体沉淀全部溶解。

（2）溶解的包涵体经 4℃、15000RCF 离心 15min，取上清，进行十二烷基硫酸钠聚丙烯酰胺凝胶电泳检测，再次确认目的蛋白质是否存在于溶解包涵体中，是否达到一定的纯化效果。

（四）包涵体复性

（1）验证了纯化效果的溶解的包涵体中加入其 2 倍体积的 3mol/L 盐酸胍溶液混匀，注意观察是否有沉淀出现。

（2）准备上述混合溶液 10 倍体积的预冷复性液，4℃、800～1000rpm 磁力搅拌，其间将上述混合溶液缓慢滴到复性液中。

（3）4℃、200～500rpm 磁力搅拌 12～24h，完成包涵体复性。

（4）将复性包涵体装入透析袋，利用商品化 PGE3000 饱和溶液作为透析液，将样品浓缩至 50～100mL。

(5) 4℃，利用 TE 缓冲液作为透析液透析处理 48h。

(6) 若后续需要较高浓度的蛋白质样品，可再次利用商品化 PGE3000 饱和溶液作为透析液，进一步将蛋白质样品浓缩至 10～20mL。

(五) 复性蛋白质纯化

(1) TE 缓冲液透析后，用 0.22μm 滤器过滤。

(2) 基于目的蛋白质本身的特性或带有的标签，利用离子交换层析、亲和层析、排阻层析等方法进一步纯化蛋白质。

四、注意事项

(1) 溶解包涵体不仅可用 6mol/L 盐酸胍溶液，也可用 8mol/L 尿素溶液完成。6mol/L 盐酸胍溶液溶解包涵体可以达 95%以上，但成本较高，且在酸性条件下易产生沉淀；8mol/L 尿素溶液溶解包涵体可达 70%～90%，溶解后溶液呈中性状态，复性后也不易造成大量蛋白质沉淀。

(2) 包涵体的复性方式是多样的，除上述提到的稀释复性和透析复性外，还有分子筛层析复性、离子交换层析复性等，可根据包涵体的特性不同选用不同的方式进行复性。

第四节　蛋白质的分离纯化

一、实验介绍

蛋白质的分离纯化指将目的蛋白质从全组分的细胞裂解液中分离出来，且保存其生物活性。通过传统的沉淀、梯度离心、盐析等方法获得的蛋白质通常含有杂质，要去除这些杂质，需根据不同的蛋白质制订相应的纯化策略。目前广泛应用的技术为色谱层析法，该方法对蛋白质处理较温和，且可用于处理量大的样品。

蛋白质纯化大致分为粗分离纯化和精分离纯化两个阶段。粗分离纯化主要是将蛋白质与其他细胞成分，如与核酸物质分开，常用的方法为硫酸铵沉淀法；精分离纯化是把目的蛋白质与其他蛋白质区分开，常用的方法有亲和层析、离子交换层析、排阻层析、疏水作用层析等。

(1) 亲和层析利用生物大分子具有与某些分子专一且可逆特异性结合的特性，进一步纯化蛋白质。目前常用的亲和层析通过固定在目的蛋白质上的标签与固定相特异结合，从成分复杂的混合物中结合分离出目的蛋白质。

(2) 离子交换层析依靠蛋白质表面所带电荷量的不同，完成蛋白质分离。由于不同蛋白质所带的电荷不同，与离子固定相的结合能力也不同，使被洗脱下来的时间存在一定的差异，从而达到一定的分离纯化效果。

(3) 排阻层析也称凝胶过滤或分子筛，排阻层析柱中存在多孔的固定相，不同分子量的蛋白质扩散进入孔径的能力不同，从而达到分离效果。大分子量的蛋白质经过的路径较短，会被先洗脱；小分子量的蛋白质被洗脱的时间则更长。排阻层析不适用于早期蛋白质纯化，因为单次的样品体积只能为柱体积的1%～5%。

（4）疏水作用层析实验成本低，且可以保存蛋白质生物学活性，是一种常用的分离和纯化蛋白质的方法。该方法利用盐/水体系中样品分子的疏水基团和层析介质的疏水配基之间疏水力的不同进行纯化分离。

二、实验材料

待纯化样品、磁力搅拌器、商品化饱和硫酸铵溶液、叠氮化钠、PBS缓冲液（8g NaCl、200mg KCl、1.44g Na_2HPO_4、240mg KH_2PO_4，蒸馏水定容至1L，pH7.2～7.4）、透析袋、TE缓冲液（1.21g三羟甲基氨基甲烷、0.372g乙二胺四乙酸，去离子水定容至1L，pH8.0）、恒温箱、滤器、层析柱、商品化上样缓冲液、商品化洗脱缓冲液、商品化再生缓冲液、蛋白纯化仪。

三、实验步骤

（一）粗分离纯化（硫酸铵沉淀法）

（1）将待纯化样品经4℃、12000RCF离心15min，收集上清，弃沉淀。

（2）获得的上清经4℃、200rpm磁力搅拌，其间缓慢加入等体积的商品化饱和硫酸铵溶液，持续搅拌6h或搅拌过夜，使蛋白质充分沉淀。

（3）4℃、10000RCF离心30min，弃上清，收集沉淀。

（4）将获得的沉淀溶于含有0.2g/L叠氮化钠的PBS缓冲液中，然后全部装入透析袋。

（5）将透析袋转移至TE缓冲液或PBS缓冲液中，4℃恒温箱透析24～48h，每3～6h更换1次缓冲液，置换出样品中的硫酸铵。

（6）透析完成后，取出样品，完成蛋白质的粗分离，测定蛋白质浓度。

（二）精分离纯化（亲和层析、离子交换层析、排阻层析、疏水作用层析）

（1）将待纯化的样品经4℃、12000RCF离心15min，收集上清，用0.45μm滤器过滤。

（2）根据选用的层析柱准备相关的商品化上样缓冲液，用10～15倍柱体积的商品化上样缓冲液平衡层析柱。

（3）检测基线平衡后，可进行样品上样。总的上样量不超过层析柱的最高载量。层析柱的结合率与样品浓度、特异性结合力等相关。

（4）单次上样结束后，继续使用商品化上样缓冲液过柱，洗脱掉非特异性结合蛋白质（杂蛋白质）。

（5）检测基线再次平衡后，使用3～5倍柱体积的商品化上样缓冲液洗柱，此时目的蛋白质已结合到层析柱上。

（6）准备相关商品化洗脱缓冲液，使目的蛋白质释放到洗脱缓冲液中，根据蛋白质浓度检测指标，收集目的蛋白质。

（7）使用2～3倍柱体积的商品化再生缓冲液洗柱，去除柱上所有结合的蛋白质。

（8）使用商品化上样缓冲液重新平衡层析柱，然后可再次上样。

四、注意事项

（1）硫酸铵沉淀法中进行磁力搅拌时，搅拌速度需规律且温和，搅拌太快会引起蛋白质变性。

（2）为保证蛋白质回收率，使用的待纯化蛋白质样品初始浓度至少为1mg/mL。

（3）多数蛋白质在盐溶解后20min内完全沉淀，但部分蛋白质可能要经数小时才能完全沉淀。

（4）亲和层析柱的商品化上样缓冲液在使用前需添加金属螯合剂（如乙二胺四乙酸），以防止金属离子影响蛋白质样品的回收。

（5）叠氮化钠不利于蛋白质反应，但能在一定程度上防止蛋白质变性。

（6）当多数蛋白质在pH值为6～8的溶液中带负电荷时，可选用阴离子交换柱进行离子交换层析。

离子交换层析的流动相必须具有一定离子强度，并对溶液酸碱性具有一定缓冲能力。选择缓冲液的主要原则是：阳离子交换剂选用阴离子缓冲液（柠檬酸盐、磷酸盐、醋酸盐等）；阴离子交换剂选用阳离子缓冲液（烷基胺、乙二胺、咪唑等）。良好的缓冲液可应对溶液酸碱性变化，防止溶液酸碱性对蛋白质造成不可逆影响。缓冲液pH值范围是根据酸度系数值来决定的，pH值保证在（酸度系数值±1个pH值单位）为最佳。可选择的缓冲液有磷酸盐缓冲液、MOPS缓冲液、HEPES缓冲液、Tris缓冲液等，缓冲液的浓度通常不低于25mmol/L，以确保其有足够的缓冲能力。

（7）为了使排阻层析达到良好的分离效果，单次的上样量一般为柱体积的1%～5%。所以在使用排阻层析前，需对样品进行浓缩，以控制单次的上样量。但在浓缩时，样品的黏稠度也会随着浓度增加而增加，影响大分子运动。另外需注意的是，上样前样品需进行过滤或高速离心，以去除可能造成堵塞的固体杂质。

（8）疏水作用层析需遵循高盐上样，低盐洗脱的原则。疏水作用层析适用于饱和硫酸铵溶液沉淀粗分离纯化后，溶解在高浓度盐溶液中的样品。利用疏水作用层析可使溶解在高浓度盐溶液中的样品在进一步纯化的同时完成蛋白质复性。

第四章
蛋白质分析实验

第一节　蛋白质印迹法

一、实验介绍

蛋白质印迹法（Western blotting）指利用十二烷基硫酸钠聚丙烯酰胺凝胶电泳（SDS－PAGE）将样品中提取的蛋白质根据分子量不同而分离，继而将蛋白质转移至固相膜上，利用抗原和抗体之间的特异性结合，并结合辣根过氧化物酶（HRP）和蛋白质印迹发光底物反应成像，检测不同样品中特定蛋白质的含量相对变化。

二、实验材料

细胞、PBS缓冲液（8g NaCl、200mg KCl、1.44g Na_2HPO_4、240mg KH_2PO_4，双蒸水定容至1L，pH7.2～7.4）、细胞刮、离心管、组织、冻存管、液氮、研钵、研磨棒、乙醇、双蒸水、药勺、商品化RIPA裂解缓冲液（Radio immunoprecipitation assay buffer，放射免疫沉淀法缓冲液）、蛋白质酶抑制剂、超声破碎仪、牛血清白蛋白质、去离子水、二喹啉甲酸试剂盒（含A液和B液）、96孔板、恒温箱、酶标仪、玻璃板、聚丙烯酰胺凝胶快速配制试剂盒（含配置浓缩胶和分离胶的实验材料）、异丙醇、梳子、商品化5×蛋白上样缓冲液、金属浴、电泳仪、蛋白质电泳缓冲液（3.03g三羟甲基氨基甲烷、14.4g甘氨酸、1g十二烷基硫酸钠，双蒸水定容至1L）、注射器、预染蛋白Marker、转膜缓冲液（3.03g三羟甲基氨基甲烷、15g甘氨酸、200mL甲醇，双蒸水定容至1L）、转膜盘、聚偏氟乙烯膜、甲醇、翘板、转膜板、滤纸、转膜盒、圆珠笔、TBS缓冲液（2.4g三羟甲基氨基甲烷、9g NaCl，双蒸水定容至1L）、脱脂奶粉、TBS/T缓冲液（2.4g三羟甲基氨基甲烷、9g NaCl，双蒸水定容至1L，加入1mL吐温20）、摇床、抗体、旋转混匀器、商品化显色液（免疫印迹化学发光辣根过氧化物酶底物）、膜再生缓冲液（15g甘氨酸、1g十二烷基硫酸钠、10mL吐温20，双蒸水定容至800mL，调整pH为2.2，双蒸水定容至1L）、化学发光成像仪。

三、实验步骤

（一）样品预处理

（1）针对培养的贴壁细胞，弃培养基，加入PBS缓冲液洗涤细胞，洗涤2次，弃去洗涤的 PBS 缓冲液。重新加入 1mL PBS 缓冲液，用细胞刮将细胞刮下来，转移至离心管中，1000rpm 离心 5min，弃上清，收集沉淀。

（2）针对培养的悬浮细胞，将悬浮细胞收集在离心管中，1000rpm 离心 5min，弃上清，收集沉淀。获得的沉淀经 PBS 缓冲液重悬洗涤 2 次，1000rpm 离心 5min，弃上清，收集沉淀。

（3）针对组织，先将组织放入冻存管，放入液氮速冻 20min。将研钵和研磨棒依次用 75%乙醇和双蒸水进行洗涤，擦干后将研钵中倒入液氮，预冷研钵和研磨棒。取出速冻的组织，放入研钵，用研磨棒研磨，直至组织呈无大颗粒的粉状。用药勺收集研磨的组织，转移至离心管。

（二）蛋白质的提取

（1）根据收集的细胞量或研磨的组织量加入适量的商品化 RIPA 裂解缓冲液。通常 1×10^6 个细胞加入 200～500μL 的商品化 RIPA 裂解缓冲液，20mg 组织加入 100～300μL 的商品化 RIPA 裂解缓冲液。注意商品化 RIPA 裂解缓冲液中需加入蛋白质酶抑制剂。

（2）用超声破碎仪超声，设置工作参数 100W，超声 10s，冰上放置 30min。

（3）超声处理的样品经 4℃、13000rpm 离心 15min，收集上清，转移至一个新的离心管，即为所提取的蛋白质溶液。

（4）取 2μL 上述蛋白质溶液，转移至一个新的离心管中，加入 18μL PBS 缓冲液，将样品稀释 10 倍，用作蛋白质定量测定样品。

（三）二喹啉甲酸（Bicinchoninic acid，BCA）法蛋白质定量

（1）取一管蛋白质标准品（即牛血清白蛋白质）进行瞬时离心，用去离子水进行充分溶解，配置成 25mg/mL 蛋白质标准品。

（2）取 20μL 25mg/mL 蛋白质标准品，加入 980μL PBS 缓冲液，配置成 0.5mg/mL 蛋白质标准品。

（3）配置标准曲线所需的不同浓度蛋白质标准品：取 8 个离心管，用 PBS 缓冲液将 0.5mg/mL 蛋白质标准品依次稀释为以下 8 个浓度梯度：0mg/mL、0.025mg/mL、0.05mg/mL、0.1mg/mL、0.2mg/mL、0.3mg/mL、0.4mg/mL、0.5mg/mL。

（4）按照试剂盒说明书配置二喹啉甲酸工作液，一般按 A 液：B 液=50：1 的比例配置。

（5）96 孔板每孔加入 100μL 二喹啉甲酸工作液，然后按照从低浓度到高浓度的顺序依次加入 10μL 上述配置的 8 个不同浓度蛋白质标准品，和蛋白质定量测定样品，每个样品设置三个复孔。

（6）将 96 孔板置于 37℃恒温箱，60rpm 振荡孵育 30min。

（7）用酶标仪测量不同孔的 *OD*562。

（8）以蛋白质标准品浓度为纵坐标，*OD*562 为横坐标，绘制标准曲线，标准曲线 R^2 应在 0.99 以上。

（9）按照绘制的标准曲线和样品 *OD*562，计算蛋白质定量测定样品浓度。

（四）配置电泳胶

（1）选择 1.0mm 或 1.5mm 厚度规格的玻璃板，将玻璃板清洗干净，烘干，对齐后放入架子上卡紧，准备灌胶。

（2）目的蛋白质分子量大小不同，所选用的分离胶浓度不同。目的蛋白质分子量越大，所选用的分离胶浓度越小，一般可选择 10%～15% 的分离胶。浓缩胶的浓度为 4%。

（3）计算所需分离胶的量，取玻璃板，配置分离胶。将分离胶混匀，加至玻璃板，每块玻璃板约需加 4mL 分离胶。随后，每块玻璃板加 1mL 异丙醇封胶，转移至 37℃ 恒温箱，静置 20min。

（4）分离胶凝固后将上层异丙醇倒掉，配置 4%浓缩胶，混匀后的浓缩胶加至玻璃板，每块玻璃板约需加 2mL 浓缩胶，将玻璃板完全加满，插入相应厚度的梳子，如 1.5mm 厚度的玻璃板对应 1.5mm 厚度的梳子，1.0mm 的玻璃板对应 1.0mm 厚度的梳子，插梳子时避免产生气泡。

（5）将上述配置的电泳胶转移至 37℃ 恒温箱，静置 20min，待上层胶凝固后取出。

（五）蛋白质电泳

（1）样品制备：取离心管，以 10μL 上样体积为例，先在离心管中加入 2μL 商品化 5×蛋白上样缓冲液，随后加入经 BCA 法测定浓度的蛋白质定量测定样品，蛋白质定量测定样品计划上样量（μg）除以蛋白质定量测定样品浓度（ng/μL）即为加入离心管中的蛋白质定量测定样品量。离心管中体积不足 10μL 的用商品化 RIPA 裂解缓冲液补齐至 10μL。

（2）瞬时离心后将离心管放入金属浴中，100℃ 加热 5～7min，使蛋白质变性。

（3）将配置好的电泳胶放入电泳槽，加入蛋白质电泳缓冲液，轻轻拔出梳子，如果梳孔有弯曲可用 5mL 注射器的针头进行调整。

（4）可在蛋白质定量测定样品两边加上预染蛋白 Marker，第 1 个孔加 5μL 预染蛋白 Marker，最后 1 个孔加 2μL 预染蛋白 Marker，用于区分上样顺序。

（5）连接电泳仪，80V 恒压进行电泳。电泳过程中可观察电泳槽中是否出现气泡，若未产生气泡则说明电源未接通。

（6）电泳开始约 40min，蛋白质定量测定样品将被压成一条条带，随后将电压调成 120V。

（7）根据目的蛋白质大小及分离胶的浓度决定总电泳时间（一般为 90min 左右），以避免蛋白质跑出电泳胶。

（六）转膜

（1）将转膜缓冲液倒入转膜盘中。

（2）剪适宜面积的聚偏氟乙烯膜（6cm×8cm），用甲醇活化 4～5s，随后放入转膜缓冲液中平衡。

（3）用翘板将玻璃板撬开，轻轻取出凝胶，去掉浓缩胶部分，放入转膜缓冲液中。

（4）放入转膜板，黑色面朝下、红色面朝上，以“三明治”方式依次放海绵、3 张滤纸、凝胶、聚偏氟乙烯膜、3张滤纸。赶去气泡，夹紧后放入转膜盒中。放入转膜盒时保持黑色面对黑色电极、红色面对红色电极（千万不能放反），倒入转膜缓冲液，盖上盖子（同样是黑色面对黑色电极、红色面对红色电极）。目前主要采用两种转膜方法，分别是湿转法和半干转法。湿转法操作简单，转膜效率高。半干转法转膜速度快，适用于大胶或分子量较大的蛋白质。

（5）将转膜盒放入盆中用冰覆盖（转膜过程中会大量产热，可用冰降温），100V恒压转膜，转膜时间根据目的蛋白质分子量大小而定。

（6）转膜后采用圆珠笔对聚偏氟乙烯膜进行标记，可标记目的蛋白质名称、预染蛋白 Marker 等信息。

（七）抗体孵育

（1）将聚偏氟乙烯膜取出，转移至 TBS 缓冲液中，摇床 80rpm 振荡 10min。

（2）称 5g 脱脂奶粉，加入 100mL TBS/T 缓冲液，配置成 5%脱脂奶粉封闭液。将聚偏氟乙烯膜转移至 5%脱脂奶粉封闭液中，样品面朝上（样品面为载有蛋白质定量测定样品的一面，即转膜时直接接触电泳胶的面），摇床 80rpm 振荡封闭 1~2h。

（3）将聚偏氟乙烯膜转移至 TBS/T 缓冲液中，样品面朝上，摇床 80rpm 振荡洗涤 3 次，每次 10min。

（4）将聚偏氟乙烯膜从 TBS/T 缓冲液中取出，用小刀或剪刀根据预染蛋白 Marker 和目的蛋白质分子量裁成合适大小，放入含有 10mL 或 20mL 适当稀释比例一抗（通常一抗稀释比例 1∶500 至 1∶2000，用一抗稀释液稀释）的离心管中，将含有一抗和聚偏氟乙烯膜的离心管放置于旋转混匀器上，4℃、20rpm 缓慢旋转孵育过夜。

（5）将聚偏氟乙烯膜转移至 TBS/T 缓冲液中，样品面朝上，摇床 80rpm 振荡洗涤 3 次，每次 5~10min。

（6）根据一抗种属来源选择二抗种属来源，用 TBS/T 缓冲液稀释二抗，通常二抗稀释比例为 1∶5000 至 1∶20000。将聚偏氟乙烯膜转移至二抗中，样品面朝上，摇床 80rpm 振荡孵育 1~2h。

（7）将聚偏氟乙烯膜转移至 TBS/T 缓冲液中，样品面朝上，摇床 80rpm 振荡洗涤 3 次，每次 5~10min。

（八）显色曝光

（1）显色：按照说明书配置商品化显色液，将聚偏氟乙烯膜浸泡在商品化显色液中约 30s。

（2）曝光：将样品面朝上放入化学发光成像仪中自动曝光。

（九）膜再生

（1）将已曝光的聚偏氟乙烯膜转移至 TBS/T 缓冲液中，摇床 80rpm 振荡洗涤 5~10min。

（2）将聚偏氟乙烯膜转移至膜再生缓冲液中，摇床 80rpm 振荡洗涤 5~10min。

（3）弃去膜再生缓冲液，加入 PBS 缓冲液，摇床 80rpm 振荡洗涤 2 次，每次 10min。

(4) 弃去 PBS 缓冲液，加入 TBS/T 缓冲液，摇床 80rpm 振荡洗涤 2 次，每次 5min。

(5) 经以上步骤获得的洗去抗体的再生膜可继续用于封闭、抗体孵育和曝光。

四、注意事项

(1) 样品预处理中进行细胞洗涤时注意沿培养板壁加入 PBS 缓冲液，不能直接对着细胞吹，以防细胞脱落。

(2) 进行免疫印迹时，常用 β-actin 或 GAPDH 等表达量相对恒定的蛋白质作为内参。

(3) 每孔上样蛋白质一般为 20～40μg，若目的蛋白质含量较低，可适当加大上样量，或更换更为灵敏的方法进行检测。

(4) 杂交膜（如聚偏氟乙烯膜）的选择是实验的重要环节，应根据杂交方案、被转移蛋白质的特性以及分子量大小等因素选择不同的杂交膜。

(5) 针对杂交膜，必须使用低荧光杂交膜，以避免自发荧光导致曝光高背景。杂交膜的材质和规格选择应考虑目的蛋白质特性，若目的蛋白质分子量≥20kD，推荐选用 0.45μm 孔径的杂交膜；若目的蛋白质分子量＜20kD，推荐选用 0.22μm 孔径的杂交膜。

(6) 操作过程中需戴手套，不要用手直接触碰杂交膜。

(7) 曝光时，避免使用铁质镊子取杂交膜，尽量使用塑料扁口镊子，一方面可以避免夹破杂交膜，另一方面避免铁质镊子导致曝光显色污染。

(8) 杂交膜在甲醇中浸泡时间不宜过短，应充分活化。

(9) 某些抗原和抗体可被吐温 20 洗脱，因此可选用 1%的牛血清白蛋白质代替吐温 20。

(10) 5%脱脂奶粉封闭液作为封闭剂时，其可能与目的蛋白质发生非特异性结合，从而使抗体与目的蛋白质无法结合，导致目的蛋白质显色弱或不显色。鉴于以上情况，可选用 0.3%～3.0%的牛血清白蛋白质替代，以降低内源性交叉反应。

(11) 如要同时检测多种分子量接近的蛋白质，最好在不同的电泳胶上进行检测。

第二节　免疫沉淀

一、实验介绍

免疫沉淀（Immunoprecipitation，IP）是利用抗体特异性反应富集目的蛋白质，以分离蛋白质的一种方法，其适用于目的蛋白质的定性和定量分析。免疫沉淀实验利用抗体蛋白质和抗体特异性结合，由偶联了蛋白质的蛋白质 A/G 琼脂糖珠，从样品中将抗体/抗原复合物分离出来。这种物理方法可将目的蛋白质从样品中分离出来，获得的目的蛋白质后续可通过考马斯亮蓝染色、蛋白质印迹实验、蛋白质谱检测等技术进行验证。

二、实验材料

细胞、细胞培养皿、PBS 缓冲液（8g NaCl、200mg KCl、1.44g Na_2HPO_4、240mg KH_2PO_4，去离子水定容至 1L，pH7.2～7.4)、细胞刮、离心管、细胞裂解液（0.05mol/L HEPES、0.15mol/L NaCl、0.001mol/L 乙二胺四乙酸、0.05mol/L NaF、0.04mol/L $Na_4P_2O_7$、0.5%NP40、10%甘油、0.5mol/L 苯甲基磺酰氟，pH7.4)、蛋白质酶抑制剂、抗体、恒温箱、蛋白质 A/G 琼脂糖珠悬液、商品化上样缓冲液。

三、实验步骤

（一）样品处理

（1）将细胞培养皿置于冰上，用预冷的 PBS 缓冲液洗涤细胞 2～3 次。

（2）用预冷的细胞刮处理贴壁细胞，得到的细胞悬液转移至预冷的离心管中。

（3）4℃、2000RCF 离心 3min，弃上清，收集沉淀。

（4）细胞裂解液在使用前添加蛋白质酶抑制剂。根据上述沉淀体积加入适量细胞裂解液，重悬沉淀。

（5）冰上裂解 30min，裂解过程中每 10min 涡旋混匀 15s。

（6）裂解后 4℃、13000rpm 离心 20min，收集上清。获得的上清即为蛋白质样品，置于冰上待用。

（二）免疫沉淀

（1）蛋白质样品中加入推荐量的目的蛋白质抗体，混匀。具体用量根据目的蛋白质的丰度和抗体推荐用量决定。

（2）4℃恒温箱，20rpm 旋转孵育 3h 或孵育过夜。

（3）孵育后加入 70～100μL 蛋白质 A/G 琼脂糖珠悬液，吸取时可把枪尖头部剪掉，防止吸取过程中损伤蛋白质 A/G 琼脂糖珠。4℃恒温箱中 20rpm 旋转孵育 2～4h，最佳孵育时长可通过预实验进行摸索。

（4）4℃、2000rpm 离心 5min，弃上清，收集沉淀。

（5）获得的蛋白质 A/G 琼脂糖珠沉淀经细胞裂解液洗涤 3 次。4℃、2000rpm 离心 5min，弃上清，收集沉淀。

（6）再次获得的蛋白质 A/G 琼脂糖珠沉淀中加入 20～50μL 商品化上样缓冲液，95～100℃水浴 5min，使蛋白质 A/G 琼脂糖珠上结合的目的蛋白质变性脱落，溶解于商品化上样缓冲液中。

（7）上述水浴后的样品经 4℃、3000rpm 离心 5min，收集上清。

（8）获得的上清可在－80℃保存，或利用蛋白质印迹实验进行验证。

四、注意事项

（1）免疫沉淀实验中，目的蛋白质与对应抗体之间的特异性结合直接影响后续蛋白质 A/G 琼脂糖珠对目的蛋白质的富集。

（2）整个实验操作尽量在低温环境进行。

（3）在使用细胞裂解液前必须添加蛋白质酶抑制剂，防止细胞器释放的蛋白酶影响样品。

（4）细胞裂解液中去垢剂（如乙二胺四乙酸和 NP40 等）的种类和浓度也是免疫沉淀实验中一个非常关键的因素。部分膜蛋白质对去垢剂十分敏感，针对这类蛋白质的免疫沉淀实验，需谨慎地选择去垢剂的种类和浓度。

（5）检测的目的蛋白质分子量接近抗体重链或者轻链分子量时，选择不同种属抗体分别进行免疫沉淀实验和蛋白质印迹实验，可大大减弱重链和轻链分子的信号。

第三节　免疫共沉淀

一、实验介绍

免疫共沉淀（Co－Immunoprecipitation，Co－IP）是一种可以确定蛋白质间是否存在相互作用的检测方法，该方法基于抗原与抗体之间的特异性结合，以富集与抗原蛋白质有相互作用的其他目的蛋白质。

目前比较常见的方式是把优化的蛋白质 A/G 预先固定在琼脂糖珠上，利用蛋白质 A/G 琼脂糖珠与目的蛋白质的抗体结合，抗体进一步结合样品溶液中含目的蛋白质的蛋白复合物，最终利用共沉淀样品来确定体内蛋白质之间是否存在相互作用。

二、实验材料

细胞、细胞培养皿、PBS 缓冲液（8g NaCl、200mg KCl、1.44g Na_2HPO_4、240mg KH_2PO_4、蒸馏水定容至 1L，pH7.2～7.4）、商品化 BS3 溶液、商品化终止缓冲液、细胞刮、离心管、细胞裂解液（0.05mol/L HEPES、0.15mol/L NaCl、0.001mol/L 乙二胺四乙酸、0.05mol/L NaF、0.04mol/L $Na_4P_2O_7$、0.5% NP40、10%甘油、0.5mol/L 苯甲基磺酰氟，pH7.4）、蛋白质酶抑制剂、蛋白质 A/G 琼脂糖珠悬液、洗涤缓冲液（0.05mol/L HEPES、0.5mol/L NaCl、0.001mol/L 乙二胺四乙酸、0.05mol/L NaF、0.04mol/L $Na_4P_2O_7$、0.5% NP40、0.5mol/L 苯甲基磺酰氟，pH7.4）、抗体、TE 缓冲液（分别配置 1mol/L Tris－HCl、0.5mol/L 乙二胺四乙酸，分别调整 pH 至 8.0，实验前于 100mL 蒸馏水中加入 1mL 1mol/L Tris－HCl、0.5mol/L 乙二胺四乙酸，最后调整 pH 至 7.4，使用前添加蛋白质酶抑制剂）、商品化上样缓冲液、摇床。

三、实验步骤

（一）样品准备

（1）为获取足够量的总蛋白质，单组实验前应准备 2 个融合度达到 80%～90%的 10cm 细胞培养皿的细胞。

（2）弃培养基，用预冷的 PBS 缓冲液洗涤细胞 2 次。

（3）加入商品化 BS3 溶液，使其终浓度为 1～5mmol/L，室温孵育 30min。

（4）加入商品化终止缓冲液，使其终浓度为 10～20mmol/L，室温孵育 15min。

（5）用预冷的细胞刮将细胞从细胞培养皿上刮下，得到的细胞转移至 1.5mL 离心管中。

（6）用 10mL 预冷的 PBS 缓冲液洗涤细胞 2 次，100RCF 离心 10min，弃上清，收集沉淀，置于冰上待用。

（二）裂解细胞及收集蛋白质

（1）细胞裂解液使用前添加蛋白质酶抑制剂。上述沉淀经 1mL 细胞裂解液重悬，4℃、摇床 80rpm 振荡裂解 0.5～1.0h。

（2）4℃、13000RCF 离心 20min，收集上清，弃沉淀。

（三）免疫共沉淀

（1）用头部剪掉的枪尖（避免损坏蛋白质 A/G 琼脂糖珠）吸取 100μL 蛋白质 A/G 琼脂糖珠悬液于离心管中，加入 1mL 预冷的洗涤缓冲液，轻轻颠倒混匀。4℃、1500RCF 离心 1min，弃上清，重复操作 2 次，以置换琼脂糖珠原本的储存液。

（2）将上述细胞裂解液处理后的上清与预处理的蛋白质 A/G 琼脂糖珠混合，4℃、摇床 80rpm 振荡孵育 2h。

（3）4℃、1000～2500RCF 离心 5min，收集上清。

（4）吸取 50μL 上清作为 input 组，剩余上清与适量目的蛋白质抗体混匀，4℃、摇床 80rpm 振荡孵育过夜。

（5）将预处理的蛋白质 A/G 琼脂糖珠与上述 Input 组样品，或目的蛋白质抗体孵育过夜的上清混匀，4℃、摇床 80rpm 振荡孵育 2～4h。

（6）4℃、2500RCF 离心 3min，弃上清，收集沉淀。

（7）获得的蛋白质 A/G 琼脂糖珠沉淀经 1mL 洗涤缓冲液洗涤 3～4 次，除去非特异性结合的背景信号，4℃、2500RCF 离心 3min，弃上清，收集沉淀。

（8）再次获得的蛋白质 A/G 琼脂糖珠沉淀经 TE 缓冲液至少洗涤 1 次，4℃、2500RCF 离心 3min，弃上清，收集沉淀。由于盐分可能会影响十二烷基硫酸钠聚丙烯酰胺凝胶电泳对蛋白质的分离，该步骤的主要目的是去除残留的盐分。

（9）根据获得的沉淀量添加适量商品化上样缓冲液，轻柔重悬，95～100℃水浴 5min，3000RCF 离心 3min，收集上清，−20℃保存或利用蛋白质印迹实验进行验证。

四、注意事项

（1）利用本实验可能会检测不到亲和力较低、结合量少的蛋白质，或检测不到特定时间段结合的蛋白质与蛋白质的相互作用。

（2）由于两种蛋白质间可能存在其他起到连接作用的成分，从而形成结合复合物，因此，所检测的两种蛋白质的结合可能不是直接结合。

（3）本实验需提前进行相应通路的预测，选择合适的检测抗体用于下游蛋白质的探索。

（4）细胞内存在的蛋白质和蛋白质之间相互作用力的强弱未知，裂解细胞时需选择合适的细胞裂解液，推荐使用非离子弱变性剂，首次实验时需进行裂解条件的摸索。

（5）蛋白质酶抑制剂需在细胞裂解液使用前加入。

（6）利用低盐裂解、高盐洗脱可去除部分杂质和有黏性的甘油成分，以减少非特异性吸附造成的假阳性结果。

第四节　免疫组织化学染色

一、实验介绍

免疫组织化学染色基于病理切片脱蜡水化、过氧化氢酶阻断、抗原修复、一抗结合、二抗结合、显色、核复染、封片等步骤，利用组织上抗原与抗体特异性结合原理，通过化学反应使酶标记抗体与显色剂进行显色反应，从而对组织目的蛋白质进行细胞定位和定量分析。

二、实验材料

石蜡包埋组织、恒温箱、二甲苯、乙醇、过氧化氢酶阻断剂、PBS 缓冲液（8g NaCl、200mg KCl、1.44g Na_2HPO_4、240mg KH_2PO_4，蒸馏水定容至 1L，pH7.2～7.4）、柠檬酸盐缓冲液（将 29.41g 枸橼酸三钠加入蒸馏水中配置 1000mL A 液，将 21g 柠檬酸加入蒸馏水中配置 1000mL B 液，取 82mL A 液和 18mL B 液依次加入 900mL 蒸馏水中，配置柠檬酸盐缓冲液，pH 调至 6.0）、高压锅、蜡笔、血清或牛血清蛋白质、抗体、湿盒、恒温箱、商品化二氨基联苯胺（DAB）溶液、苏木精、中性树胶、摇床、通风橱、显微镜。

三、实验步骤

（一）脱蜡及水化

（1）将石蜡包埋组织进行切片，65℃恒温箱烘片 2.5～3.0h，待蜡完全融化后，快速放入二甲苯进行脱蜡。

（2）组织切片经 2 次二甲苯浸泡，每次摇床 50rpm 振荡 15～20min，完成脱蜡。

（3）脱蜡后的组织切片分别进行梯度乙醇浸泡洗涤，分别为 100％乙醇、95％乙醇、85％乙醇、75％乙醇，每个乙醇浓度摇床 50rpm 振荡 3～5min，完成水化。

（4）组织切片经自来水缓慢冲洗 15min，洗掉残留乙醇，其间勿使组织正对自来水冲洗。

（二）抗原修复

（1）在组织切片上滴加过氧化氢酶阻断剂，室温避光孵育 10min。

（2）将组织切片放入 PBS 缓冲液中，浸泡洗涤 3 次，每次摇床 50rpm 振荡 5min。

（3）将组织切片浸泡在柠檬酸盐缓冲液中，转移至高压锅，上汽后开始计时，高压修复 3min。

（4）修复完毕后，缓慢冷却，其间可用自来水缓慢冲洗高压锅外部以助冷却，冷却至不烫手后，PBS 缓冲液洗涤 3 次，每次摇床 50rpm 振荡 5min。

（三）抗体孵育

（1）用蜡笔沿着组织周围画圈，使后续封闭和抗体孵育时溶液不会溢出。

（2）滴加二抗同源血清或 PBS 缓冲液配置的 3%牛血清蛋白质，室温封闭 30min。

（3）将组织切片倾斜，弃去上面的液体，不洗涤。用 PBS 缓冲液将一抗稀释至适宜浓度，滴在组织切片上，每个组织切片约加入 50μL 一抗。设同型对照组，同型对照组需加入 PBS 缓冲液稀释的同型一抗。

（4）在湿盒中注入蒸馏水，将孵育一抗的组织切片转移至湿盒中，4℃恒温箱孵育过夜。

（5）室温复温 30min。随后将组织切片浸泡于 PBS 缓冲液中，洗涤 3 次，每次摇床 50rpm 振荡 5min。

（6）向组织切片滴加生物素化的二抗，转移至注入蒸馏水的湿盒中，37℃恒温箱孵育 30min。之后组织切片经 PBS 缓冲液洗涤 3 次，每次摇床 50rpm 振荡 5min。

（7）向组织切片滴加三抗，转移至注入蒸馏水的湿盒中，37℃恒温箱孵育 20min。之后组织切片经 PBS 缓冲液洗涤 3 次，每次摇床 50rpm 振荡 5min。

（四）二氨基联苯胺（DAB）染色

（1）避光环境中，向组织切片滴加商品化 DAB 溶液，将组织切片进行 DAB 染色，显色的同时在镜下观察，染色深度适当时及时将组织切片转移至自来水中浸泡，终止染色。

（2）在组织切片上滴加苏木精，进行苏木精复染。

（3）自来水冲水返蓝，冲水时间为 15min 至 2h，冲水时间越久，显色越蓝。其间每 15min 观察 1 次，直至紫色足够返蓝。

（4）在通风橱中晾干过夜。

（五）封片镜检

（1）进行中性树胶封片，封片后晾干过夜。

（2）在显微镜下进行观察和拍照采集成像。棕黄色为阳性表达区域，每张组织切片在镜下选取 5 个不连续视野进行图像采集，采用图像分析系统进行染色强度和细胞染色阳性百分率分析。

四、注意事项

（1）用于免疫组织化学染色的切片最好选用具有黏附力的预处理切片（如阳离子黏附病理切片），以防操作过程中组织脱片。

（2）组织切片冲自来水时应缓慢注水，避免自来水直接冲洗组织切片，防止组织脱落。

（3）组织切片洗涤时，摇床转速尽量缓慢，防止洗涤时组织脱落。

（4）加入过氧化氢酶阻断剂或进行 DAB 染色时，应避光操作。

（5）所有操作应防止组织切片干燥，影响染色结果。

第五节　细胞免疫荧光

一、实验介绍

细胞免疫荧光可用于检测培养细胞中的特定蛋白质的表达和位置。其操作步骤包括细胞固定、细胞打孔、细胞抗体孵育、细胞核（细胞质或细胞膜）染色、成像等。其以影像方式呈现结果，便于检测者更为直观地了解和观察所测特定蛋白质的表达含量和蛋白质在细胞中的具体表达位置。细胞免疫荧光根据所使用的抗体不同可分为直接标记法和间接标记法。若所使用的一抗抗体上带有荧光标记，则无需荧光二抗孵育，为直接标记法。若所使用的一抗抗体上无荧光标记，则需荧光二抗进行孵育，为间接标记法。本节对贴壁细胞的间接标记法进行介绍，直接标记法可省略二抗孵育和相应洗涤步骤，间接标记法实验操作流程见图 4-1。

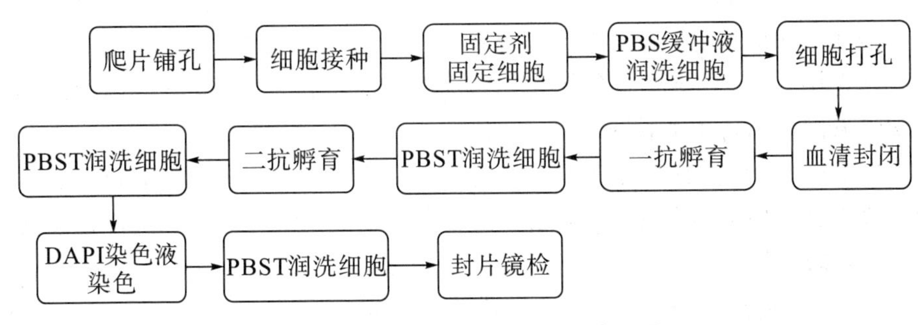

图 4-1　间接标记法实验操作流程图

二、实验材料

细胞、细胞培养板、爬片、PBS 缓冲液（8g NaCl、200mg KCl、1.44g Na_2HPO_4、240mg KH_2PO_4，蒸馏水定容至 1L，pH7.2～7.4）、吐温 20、固定剂（多聚甲醛、甲醇或丙酮）、Triton X-100、血清或牛血清白蛋白质、蒸馏水、湿盒、抗体、恒温箱、PBST 缓冲液（1L PBS 缓冲液中加入 500μL 吐温 20）、载玻片、商品化 DAPI（4’，6-二脒基-2-苯基吲哚）染色液、抗荧光淬灭封片剂或甘油、盖玻片、荧光显微镜或共聚焦显微镜、香柏油。

三、实验步骤

（一）爬片固定

（1）细胞接种前，细胞培养板中加入对应孔板的专用爬片。根据实验中细胞的生长特征及实验需求选择合适的细胞密度进行接种，细胞融合度为 60%～70%时实验效果最佳。

（2）根据实验目的不同，将爬片经不同条件刺激或药物处理。

（3）取出处理后的爬片，放入新的细胞培养板中，PBS缓冲液洗涤2遍，细胞溶质交换需要一定的时间，因此每次洗涤时需静置3min。

（4）向含有爬片的孔中加入固定剂，室温固定15min。常用的固定剂为4%多聚甲醛（pH7.2～7.4）、甲醇或丙酮等。

（5）固定后的爬片经PBS缓冲液洗涤3次，每次静置3min。

（6）将0.1% Triton X-100加入含有爬片的孔中，打孔10min，以增加膜的通透性，使抗体或染料更容易通过细胞膜。

（7）打孔后的爬片经PBS缓冲液洗涤3次，每次静置3min。

（二）封闭及抗体孵育

（1）为有效地节约试剂，可将爬片拔出，放在载玻片上，并在载玻片上备注标本组别，进行封闭和抗体孵育。

（2）在爬片上滴加二抗同源血清或1%的牛血清白蛋白质作为封闭液，每个组织加50μL，在注入蒸馏水的湿盒内室温封闭30min，防止封闭液蒸干。

（3）用PBS缓冲液将一抗稀释至适宜浓度，弃封闭液，每张爬片上加入50μL一抗，转移至注入蒸馏水的湿盒，37℃恒温箱孵育2h或4℃恒温箱孵育过夜。

（4）若选用4℃条件下恒温箱孵育过夜，第2天洗涤前，需进行室温复温30min，使爬片缓慢升温，以防止细胞脱片。

（5）PBST缓冲液洗涤爬片3次，每次静置3min。之后操作均避光进行。

（6）吸干爬片周围多余的液体，加入适当稀释比例的荧光标记二抗，转移至注入蒸馏水的湿盒，37℃恒温箱孵育1h。

（7）PBST缓冲液洗涤爬片3次，每次静置3min。

（8）吸干爬片周围多余液体，向爬片上滴加商品化DAPI染色液，使DAPI染色液完全浸没爬片，静置孵育2～5min，对细胞进行染核。

（9）PBST缓冲液洗涤爬片4次，每次静置5min。

（三）封片镜检

（1）将爬片取出，放在载玻片上，向爬片上加入20μL抗荧光淬灭封片剂或90%甘油，轻轻盖上盖玻片，进行封片。

（2）利用荧光显微镜或共聚焦显微镜进行观察。当采用100倍高倍镜下观察时，应在物镜或爬片上滴加香柏油，进行图像采集。

四、注意事项

（1）使用的爬片应无菌，以防止细胞污染。

（2）如果是多种抗体染色，请确保不同一抗来源种属不同。

（3）固定剂因抗体和细胞的不同而不同，应酌情选择。

（4）孵育一抗或二抗及洗涤时，应避免爬片干燥，影响实验染色结果。

（5）若爬片经一抗4℃恒温箱孵育过夜，为了避免爬片因洗涤导致快速升温而脱片，洗涤前应进行 30min 室温复温。

（6）封片时避免加入过多封片剂或甘油，导致封片时封片剂或甘油溢出。

（7）封片时应沿着一侧轻轻放下盖玻片，防止产生气泡，影响成像效果。

（8）封片后的爬片可在 4℃下避光保存。若长时间无法采集图像，可放置－20℃保存，但时间不宜过长，以免染色的荧光淬灭。

第六节　组织免疫荧光

一、实验介绍

组织免疫荧光利用抗体特异性结合到组织目标靶蛋白质上，一抗本身或结合一抗的二抗带有荧光素，通过荧光成像来检测组织中的特定蛋白质的表达和位置。组织免疫荧光根据所使用的抗体不同可分为直接标记法和间接标记法。本节对间接标记法进行介绍，直接标记法可在间接标记法的基础上省略二抗孵育和后续洗涤步骤。

另外，组织免疫荧光可选用冰冻切片或石蜡切片，冰冻切片简便快捷，石蜡切片可持久保存。本节对冰冻切片组织免疫荧光进行介绍。

二、实验材料

组织、冻存管、液氮、包埋剂、组织支撑器、切片机、持承器、固定剂（多聚甲醛、甲醇或丙酮）、恒温箱、PBS 缓冲液（8g NaCl、200mg KCl、1.44g Na_2HPO_4、240mg KH_2PO_4，蒸馏水定容至 1L，pH7.2～7.4）、Triton X－100、蜡笔、牛血清白蛋白质、湿盒、蒸馏水、抗体、商品化 DAPI 染色液、抗荧光淬灭封片剂或甘油、盖玻片、摇床、荧光显微镜或共聚焦显微镜。

三、实验步骤

（一）冰冻切片

（1）取新鲜组织，所取组织不宜太大太厚，组织太厚会导致冰冻比较费时，组织太大会导致难以切完整。将组织修剪成长、宽、高均约 0.5cm 的大小，放入冻存管，加入液氮使组织速冻，若暂时不进行后续实验，可置于－80℃保存。

（2）取出组织支撑器，将组织放平摆好，在组织周边滴上包埋剂进行包埋，包埋剂可选用 OCT 包埋剂，也可选用胶水。之后将其快速放于冷冻台上进行冰冻。如果标本为小组织，可先将组织支撑器取出，在组织支撑器内滴上包埋剂让其预冷冻，再放上小组织，补滴包埋剂，直至完全覆盖组织。根据组织类型判断纵切或横切，以决定放组织的方向，如组织为皮肤标本，可将其立起来进行纵切，保证既有表皮又有真皮，同时避免倾斜。

（3）将包埋好的组织放置在切片机持承器上夹紧，利用粗切片进退键，旋转进行切片，切去组织外周包埋剂，将组织修平整。

（4）根据组织类型调整切片厚度。如针对细胞密集的组织可以薄切，针对纤维较多的组织可稍微厚切。一般保证切片厚度在5～10μm，太厚将导致染色困难，太薄将导致切片容易破裂。

（5）冰冻切片后，室温晾10min。若暂时不进行后续操作，可将切片置于－80℃暂时保存，其间避免反复冻融。

（二）固定

（1）将切片从－80℃取出，室温放置30min，让切片上的水雾在室温下晾干。

（2）将多聚甲醛、甲醇或丙酮等固定剂提前预冷，取切片浸泡在预冷的固定剂中，4℃恒温箱固定15min。

（3）固定后的切片经PBS缓冲液洗涤3次，每次摇床50rpm振荡5min。

（4）0.3% Triton X－100作为打孔剂，将切片浸泡在打孔剂中，打孔15min。

（5）打孔后的切片经PBS缓冲液洗涤3次，每次摇床50rpm振荡5min。

（三）抗体孵育

（1）用蜡笔沿着组织周围画圈，以防后续封闭和抗体孵育时液体溢出。

（2）5%牛血清白蛋白质作为封闭液，切片上每个组织加入50μL封闭液，在注入蒸馏水的湿盒内室温封闭30min，防止封闭液蒸干。

（3）将切片倾斜，弃封闭液。

（4）按照说明书推荐浓度用PBS缓冲液稀释一抗，切片上每个组织加40μL一抗，随后转移至注入蒸馏水的湿盒中，4℃恒温箱孵育过夜。

（5）取出，室温复温30min，使切片缓慢升温，以防止组织脱片。

（6）用PBS缓冲液洗涤切片3次，每次摇床50rpm振荡5min。后续步骤均需避光操作。

（7）按照说明书推荐浓度用PBS缓冲液稀释荧光标记二抗，切片上每个组织加40μL二抗，随后转移至注入蒸馏水的湿盒中，室温孵育1h。

（8）将切片完全浸泡在PBS缓冲液中，洗涤3次，每次摇床50rpm振荡5min。

（9）将商品化DAPI染色液滴加至切片上进行染色。染色时间根据组织及商品化DAPI染色液效价决定，在染完商品化DAPI染色液后可先在荧光显微镜下观察染色情况，以决定最佳染色时间。

（10）将切片完全浸泡在PBS缓冲液中，洗涤3次，每次摇床50rpm振荡5min。

（四）封片镜检

（1）向切片周围滴加抗荧光淬灭封片剂或90%甘油，每个组织10μL，取出盖玻片，轻轻封片，尽量避免产生气泡。

（2）封好的切片可在－20℃或4℃保存。－20℃下保存时间较久，有些甚至可保存数月，但保存期间应避免反复冻融。4℃下保存时间较短，一周左右，但不存在反复冻融，因此可根据具体情况选择不同的保存条件。

（3）在荧光显微镜或共聚焦显微镜下拍照，若需在60倍以上高倍镜下观察，样品需滴加香柏油后才能采集数据。

（4）对于免疫荧光单染结果，观察免疫荧光单染着色强度判断组织中蛋白质表达水平，统计学分析采用 t 检验。同时可分析染色阳性的组织部位，以及该阳性着色的意义。对于免疫荧光共定位，可分析共定位水平，或通过计算每个视野内共定位细胞的数量，做定量统计学分析，统计学分析采用 t 检验进行。

四、注意事项

（1）染色时，应设置阳性对照组、阴性对照组和荧光标记物对照组。阳性对照组采用的是阳性组织切片，阴性对照组可将一抗替换成相应的同型抗体，荧光标记物对照组可将一抗替换成 PBS 缓冲液。

（2）封闭液可用动物血清替代，但需选用与二抗同源的动物血清。

（3）若组织自发荧光，应去除背景干扰，在阴性对照和荧光标记物对照组呈无荧光或弱荧光的情况下，对组织进行观察分析。

（4）固定剂需根据抗体不同进行选择。

（5）关于载玻片，最好用打过胶的载玻片或阳离子黏附载玻片，以防操作过程中组织脱片。

（6）冰冻切片后，室温晾 10min，将切片脱水后保存，以防冻存时产生冰晶。

（7）冰冻切片从－80℃取出后，需室温放置 30min，充分解冻后进行后续操作。

（8）孵育一抗过夜后，一定要室温复温 30min，使组织恢复至室温后再进行洗涤，以防组织脱片。

（9）洗涤需轻柔并充分，以防组织脱片。

（10）进行双染时，选择的两种一抗种属不能同源，二抗需根据一抗选择对应种属的抗体，且两种二抗应具有不同的荧光信号。

（11）进行双染时，两种一抗可同时孵育。同理，两种二抗也可同时孵育。需提前摸索同时孵育的抗体浓度和孵育时间。

（12）图像采集时，可先对 DAPI 染色液的核染进行聚焦，并以参照组调节针孔和荧光强度，保证阳性对照组较强染色、阴性对照组和荧光标记物对照组染色特别弱或无染色。

（13）图像初步扫描观察时，可用 512Hz 频率快速扫描观察，拍照时采用 1024Hz 高清采集图像。

（14）图像采集时，调整组织位置以最佳方向拍照，同时保证组织所有区域均在采集视野内，采集的图像需方正。

（15）可选用 20 倍物镜视野拍照，以观察整体蛋白质表达量。

（16）若需观察共定位，或阳性细胞数较少时，可在 40 倍物镜条件下进行拍照，并进行局部放大，观察共定位情况。

（17）拍照后若发现图片亮度和对比度需要调整，则需按照标准规范，用 Image J 软件或 Photoshop 软件进行统一调整。

（18）拍照后若发现图片需要旋转或剪切，则需按照标准规范，用 Photoshop 软件统一尺寸和比例进行剪切。

（19）导出图像需加标尺，或注释放大倍数。

（20）若组织中需要加分割线，可在不同层之间加入白色虚线。

第七节　双抗体夹心酶联免疫吸附实验

一、实验介绍

酶联免疫吸附实验（ELISA）包括直接 ELISA、间接 ELISA、夹心 ELISA、竞争性 ELISA、多重 ELISA 等多种方式。其中利用双抗体夹心 ELISA 测定抗原在生物医学实验中应用广泛，其包括抗体包被、抗原吸附、生物素偶联的检测抗体结合、抗生物素蛋白质偶联的辣根过氧化物酶二抗级联放大、底物显示等步骤，用于检测细胞或血液中特定分泌蛋白质的含量，相关实验流程图见图 4-2。

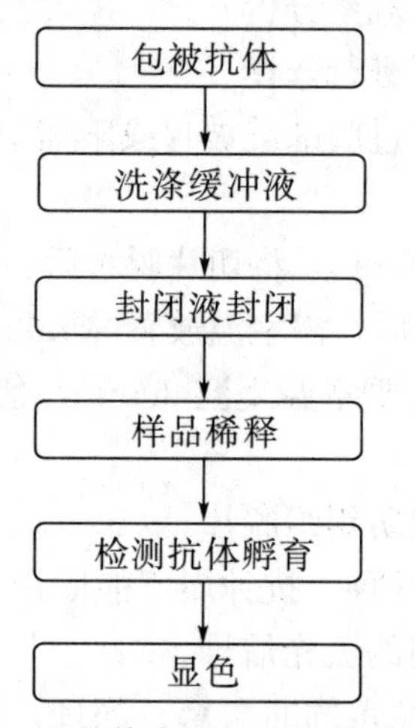

图 4-2　双抗体夹心 ELISA 实验流程图

二、实验材料

酶联免疫吸附实验试剂盒（包括包被稀释液、包被抗体、洗涤缓冲液、封闭液、标准品、样品稀释液、生物素偶联的检测抗体、抗生物素蛋白质偶联的辣根过氧化物酶二抗、酶底物、终止液）、酶标板、恒温箱、吸水纸、酶标仪。

三、实验步骤

（一）包被抗体

（1）利用包被稀释液将包被抗体稀释至工作浓度，稀释好的包被抗体加入 96 孔酶标板中，100μL 每孔，4℃恒温箱孵育过夜，进行抗体包被。

（2）弃包被抗体，每孔加入 400μL 洗涤缓冲液洗涤，洗涤 5 次，每次静置 1min。每次洗涤后，弃洗涤缓冲液，在干净吸水纸上拍打数次，尽量去除酶标板中的液体。

（3）每孔加入 400μL 的封闭液进行封闭，室温孵育 1h。

（4）弃去封闭液，每孔加入 400μL 洗涤缓冲液洗涤，洗涤 5 次，每次静置 1min。每次洗涤后，弃洗涤缓冲液，在干净吸水纸上拍打数次，尽量去除酶标板中的液体。

（二）标准品和样品稀释

（1）将标准品进行梯度稀释，在 2～8 号酶标孔中分别加入 100μL 的样品稀释液，向 1 号酶标孔中加入 200μL 的标准品。从 1 号酶标孔中取 100μL 于 2 号酶标孔中混匀，从 2 号酶标孔中取 100μL 于 3 号酶标孔中混匀，以此类推，稀释到 7 号酶标孔，7 号酶标孔吸取 100μL 直接弃掉。第 8 号酶标孔仅含样品稀释液，为空白对照孔。

（2）利用样品稀释液将样品稀释 20～50 倍，加入酶标孔中，100μL 每孔，每个标准品和每个样品设置 3 个复孔，室温孵育 2h。

（3）弃去液体，每孔加入 400μL 洗涤缓冲液洗涤，洗涤5 次，每次静置 1min。每次洗涤后，弃洗涤缓冲液，在干净吸水纸上拍打数次，尽量去除酶标板中的液体。

（三）检测抗体孵育

（1）每孔加入 100μL 生物素偶联的检测抗体，室温孵育 1h，使检测抗体与酶标板吸附的样品或标准品结合。

（2）弃去液体，每孔加入 400μL 洗涤缓冲液洗涤，洗涤 5 次，每次静置 1min。每次洗涤后，弃洗涤缓冲液，在干净吸水纸上拍打数次，尽量去除酶标板中的液体。

（3）每孔加入 100μL 抗生物素蛋白质偶联的辣根过氧化物酶二抗，室温孵育 30min。

（4）弃去每孔中偶联抗生素蛋白质二抗，每孔加入 400μL 洗涤缓冲液洗涤，洗涤 5 次，每次静置 1min。每次洗涤后，弃洗涤缓冲液，在干净吸水纸上拍打数次，尽量去除酶标板中的液体。

（四）显色

（1）每孔依次快速加入 100μL 酶底物，室温避光孵育 5～15min，进行显色。

（2）显色期间实时观察颜色变化，待标准品孔和样品孔颜色出现差异时，立即向每孔加入 50μL 终止液，用酶标仪读取 *OD*450 和 *OD*570。

（3）建立标准曲线，计算每个样品中分泌目的蛋白质的含量，进行数据分析。

四、注意事项

（1）双抗体 ELISA 一般采用试剂盒检测，抗体及缓冲液相关操作可按试剂盒说明书要求进行。

（2）标准品稀释时，每孔反复吹打 20 次，以保证充分混匀，同时应避免产生气泡。

（3）绘制的标准曲线应满足 $R^2>0.99$。

（4）样品稀释比例应提前摸索，选用合适的稀释比例，以保证所测样品浓度在标准曲线浓度范围内。

（5）如样品浓度过低，可选用超敏试剂盒，或将样品进行离心浓缩或旋转蒸发后进行检测。

（6）显色时间不宜过长，以免过度显色，影响实验结果。

（7）显色过程中需避光操作。

（8）不同的显色系统对应采用不同的光密度值进行检测。

第八节 荧光素酶报告基因检测

一、实验介绍

生物界中，小到细菌、真菌，大到鱼、昆虫等生物中存在着一些有机发光物质。其中催化生物发光的酶被称为荧光素酶（Luciferase），荧光素酶可以催化荧光素氧化成氧化荧光素，在氧化过程中，荧光素会产生生物荧光，这种荧光可被酶标仪所检测，常应用于启动子转录活性调控及 miRNA 靶基因验证等，荧光素酶基因是目前应用广泛的报告基因之一。本节以检测 HEK293 细胞内配体和受体结合介导下游转录元件表达为例进行介绍。

二、实验材料

细胞、胰蛋白酶、DMEM 或 RPMI－1640 完全培养基、6 孔板、24 孔板、48 孔板、细胞培养箱、96 孔板、质粒、商品化缓冲液、转染试剂、涡旋仪、血清、DMEM 或 RPMI－1640 基础培养基、配体（药物）、商品化配体储液、商品化裂解液、商品化荧光素酶稀释液、商品化终止缓冲液、摇床、酶标仪。

三、实验步骤

（一）细胞接种

选用状态良好，融合度为 70%～90%（不可高于 95%）的对数生长期的细胞进行 0.25%胰蛋白酶消化，之后用 DMEM 或 RPMI－1640 完全培养基终止消化，接种到 6 孔板、24 孔板或 48 孔板，接种后的细胞放置于 37℃、5%CO_2细胞培养箱培养 24h。

（二）瞬时转染

（1）配制转染缓冲液（以 6 孔板为例）：包含目的基因质粒（200～300 纳克/孔）、报告基因质粒（700～1000 纳克/孔）、内参质粒（20～30 纳克/孔）、商品化缓冲液（以上三种转染质粒总量的 100 倍）、转染试剂（转染试剂与转染质粒总量的质量比为 1∶1 或 1∶2）。

（2）吸取总量 1μg 的质粒加入 100μL 的商品化缓冲液中，涡旋混匀，瞬时离心。加入 1μL 的转染试剂，涡旋仪涡旋 10s，瞬时离心。室温孵育 10min。

（3）将商品化缓冲液加入对应的细胞孔内，使用十字交叉法适度摇晃孔板，混匀。置于 37℃，5% CO_2细胞培养箱正常培养。

（4）4～6h 后，更换 DMEM 或 RPMI－1640 完全培养基，置于 37℃、5% CO_2细胞培养箱培养 18h。

（5）分板，用含 1%血清的 DMEM 或 RPMI－1640 基础培养基重悬细胞，均匀接种在 96 孔板中，置于 37℃、5% CO_2细胞培养箱培养过夜。由于 96 孔板孔面积小及血清浓度低，细胞不会过度生长增殖，仅能维持基本代谢，培养过夜主要是为了保证细胞完全贴壁，为后续配体处理做准备。

（三）配体处理

（1）按既定方案计算好配体（药物）浓度后，取商品化配体储液稀释制成配体稀释液。弃掉孔内培养基并确保无明显残留，按浓度梯度，每孔贴壁精确加入 100μL 的配体稀释液，置于 37℃、5% CO_2 细胞培养箱培养 5～6h（需要依据不同配体结合时间及下游元件响应时间调整培养时间）。每次最多处理 12 孔，尽量 6 孔一个批次，防止孔内干燥造成细胞死亡。

（2）培养 5～6h 后，弃去孔内培养基，每孔加入 50μL 商品化裂解液，随后将 96 孔板稍加摇晃后置于－80℃中冷冻过夜。

（四）检测

（1）次日室温解冻 96 孔板，置于 37℃、5% CO_2 细胞培养箱中孵育 10min，随后置于孔板摇床内中速摇匀 10min。

（2）按顺序每孔吸取 15μL 的裂解样品（同样需要精确定量）于测量用的 96 孔白板中。使用连续进样器吸取荧光素酶稀释液，每孔添加 40mL 商品化荧光素酶稀释液，加样完成后，轻拍手背拍打均匀，随后迅速放入酶标仪中检测。

四、注意事项

（1）为了合理把握不同细胞的贴壁和生长速率，建议对细胞进行计数，以合适的密度接种细胞。

（2）分板时，96 孔板内的细胞悬液需按照每列从上至下的顺序加入，每加 3 孔后需暂停，摇匀装有细胞的离心管 1 次，以确保细胞浓度稳定。

（3）贴壁加样时可以将枪头中部靠在圆柱壁上，保持手部和枪头角度的稳定和一致性，若枪头出现残余微量液体，如一直出现则不需理会，偶尔情况则换取另一干净枪头。

（4）不论需要使用的孔数量为多少，尽可能地将 96 孔板的孔加满，以保证外界的热量、空气和倾斜度等对每孔细胞的影响尽可能一致。

（5）荧光素酶有两种，一种是单报告系统，仅含有荧光素酶，限于无内参（如 pMIR－REPORT、miRNA 表达报告基因系统质粒）时使用；另一种是双报告系统，含有荧光素酶和商品化终止缓冲液两种试剂，限于含内参报告质粒时使用。切记不可混用，单报告系统的荧光素酶荧光作用不会被商品化终止缓冲液终止，用错会导致读数出现错误。

（6）荧光素酶加入后反应即开始，任何停顿都会对数据产生影响，必须保证对应浓度每 3 孔中不能间断加液。

第五章
细胞培养

第一节　贴壁细胞传代

一、实验介绍

细胞实验当中，对细胞进行传代是一项基本的实验操作技能。通过传代，操作者可根据实验需求，扩大细胞培养数量。同时也可以避免细胞因进入平台期或衰退期，造成细胞状态下降甚至大量死亡。

贴壁细胞传代实验流程图见图5－1。

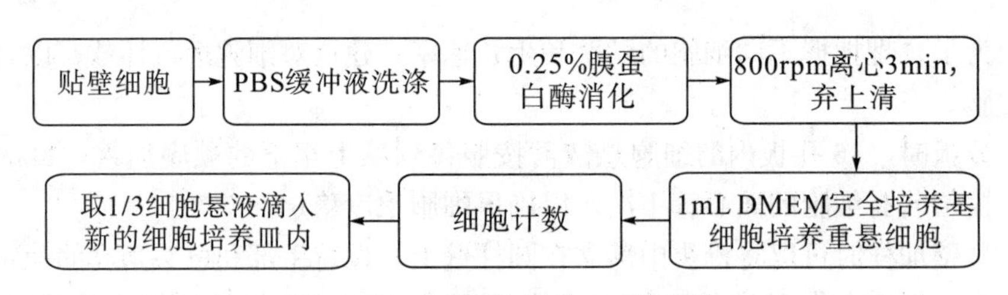

图5－1　贴壁细胞传代实验流程图

二、实验材料

细胞、细胞培养皿、PBS缓冲液（8g NaCl、200mg KCl、1.44g Na_2HPO_4、240mg KH_2PO_4，蒸馏水定容至1L，pH7.2～7.4）、胰蛋白酶、细胞培养箱、显微镜、DMEM完全培养基、巴氏吸管或移液枪、离心管、细胞计数仪或细胞计数板。

三、实验步骤

（一）细胞洗涤

（1）检查细胞是否污染，形态是否正常。

（2）以融合度为90％的10cm细胞培养皿中的细胞为例，弃去DMEM完全培养基，沿壁加入2mL PBS缓冲液，轻柔洗涤细胞1～2次。

（二）细胞消化

（1）沿壁加入2mL 0.25％胰蛋白酶，十字交叉混匀。37℃，5％CO_2细胞培养箱消化 30s。

（2）显微镜下观察，若细胞变圆、伪足收缩，可轻轻摇动细胞培养皿，观察细胞随之晃动，则证明细胞消化完全。

（三）终止消化

（1）加入 1～2mL DMEM 完全培养基，终止消化。

（2）用巴氏吸管或移液枪，吸取细胞培养皿内培养基，反复吹打底细胞。

（3）将获得的细胞悬液转移至离心管，800～1200rpm 离心 3min，弃上清，收集沉淀。

（四）细胞悬液制备

（1）获得的沉淀经 1mL DMEM 完全培养基重悬，此操作尽量使细胞沉淀均匀分散。

（2）利用细胞计数仪或细胞计数板进行计数。

（五）细胞铺板

（1）取 10cm 细胞培养皿，加入 8mL DMEM 完全培养基，将 1/3 细胞悬液均匀滴加在细胞培养皿内，十字交叉混匀。37℃，5% CO_2 细胞培养箱培养过夜。

（2）若需要扩大培养，则将细胞悬液按三等分，依次接种于 3 个 10cm 细胞培养皿内继续培养。

（3）第 2 天，在显微镜下观察细胞状态是否正常，并更换 DMEM 完全培养基。

四、注意事项

（1）消化时间对细胞传代过程尤为重要，若过度消化可能导致细胞状态下降，若消化不完全，可能导致细胞不能均匀分散且无法从培养板表面分离，导致计数不准。

（2）若消化后发现其表面细胞开始呈块状大面积脱落，说明消化时间过长。

（3）若消化后发现用移液枪吹打时吹打区域只有少部分细胞滑落，且脱落区域呈圆形，则说明细胞消化尚不完全，应当继续消化。

（4）细胞传代数量应根据上代细胞数量而定，通常情况下，融合度接近 100% 的 10cm 细胞培养皿的细胞量可以传代 3 个 10cm 细胞培养皿。

（5）不同规格的细胞培养皿接种数量不同，要根据具体实验需求而定。

第二节　悬浮细胞传代

一、实验介绍

悬浮细胞与贴壁细胞不同，其不会附着于细胞培养皿或细胞培养瓶底部生长，而是悬浮在培养基内生长，细胞传代方式较贴壁细胞传代操作更为简便。

二、实验材料

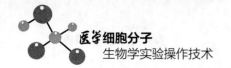

细胞、RPMI－1640 完全培养基、离心管、细胞计数仪或细胞计数板、细胞培养皿、细胞培养箱。

三、实验步骤

（一）试剂准备及细胞状态检查

（1）检查细胞是否污染，形态是否正常。

（2）观察细胞培养基颜色，稍微变黄即可进行传代操作。

（3）准备 RPMI－1640 完全培养基。

（二）细胞悬液制备

（1）将细胞转移至离心管，900rpm 离心 3min，弃上清，收集沉淀。

（2）获得的沉淀经 1mL RPMI－1640 完全培养基重悬，此操作尽量使细胞沉淀均匀分散，利用细胞计数仪或细胞计数板进行计数。

（三）细胞铺板

（1）取 10cm 细胞培养皿，加入 8mL RPMI－1640 完全培养基。取 1/3 细胞悬液均匀滴在细胞培养皿内，十字交叉混匀。37℃，5％CO_2细胞培养箱继续培养。

（2）若需要扩大培养，则将细胞悬液三等分，依次接种于 3 个 10cm 细胞培养皿内继续培养。

四、注意事项

（1）针对悬浮细胞，可以直接吸取原细胞培养皿或细胞培养瓶内的细胞，然后转移至新的细胞培养皿或细胞培养瓶中。

（2）悬浮细胞的细胞密度在显微镜视野下观察较困难，可以通过观察培养基颜色变化来决定是否传代。

第三节　细胞冻存

一、实验介绍

细胞置于低温保存，使细胞暂时脱离生长状态的同时保留其特性的过程，称为细胞冻存。本节介绍梯度冷冻冻存细胞过程。

二、实验材料

细胞、PBS 缓冲液（8g NaCl、200mg KCl、1.44g Na_2HPO_4、240mg KH_2PO_4，蒸馏水定容至 1L，pH7.2～7.4）、胰蛋白酶、DMEM 或 RPMI－1640 完全培养基、离

心管、冻存液（10％二甲基亚砜、20％～30％血清、70％～80％DMEM 或 RPMI－1640 基础培养基）、细胞冻存管、细胞培养箱。

三、实验步骤

（一）细胞洗涤

（1）通常情况下，冻存数量为（5～10）×10^6/mL。

（2）选取对数生长期细胞。

（3）若为贴壁细胞，弃去培养基，沿壁加入 2mL PBS 缓冲液，轻柔洗涤细胞 1～2 次。若为悬浮细胞，则省略此步骤和后续细胞消化步骤，直接进行细胞冻存。

（二）细胞消化

（1）沿壁加入 2mL 0.25％胰蛋白酶。37℃，5％CO_2细胞培养箱消化 2～5min。

（2）待贴壁细胞消化完全，加入 1mL DMEM 或 RPMI－1640 完全细胞培养基，吹打混匀，终止消化。

（3）将细胞转移至 15mL 离心管，800～1200rpm 离心 3min，弃上清，收集沉淀。

（三）细胞冻存

（1）获得的悬浮细胞或贴壁细胞沉淀经 1.0～1.5mL 预冷冻存液重悬，转移至细胞冻存管内，标明冻存细胞名称、时间及操作者。

（2）细胞冻存管置于－20℃ 2h，随后转移至－80℃保存过夜，次日转移至液氮罐内长期保存。

四、注意事项

（1）冻存细胞应选择复苏后 2 周内的细胞，连续传代培养超过 2 个月的细胞不宜再进行细胞冻存。

（2）冻存液需现用现配，也可以使用商品化冻存液代替。

（3）冻存细胞在－20℃进行降温时，不宜超过 2h，否则会引起细胞死亡。

（4）冻存细胞浓度尽量大于 5×10^6/mL，否则容易导致复苏失败。

（5）冻存细胞于－80℃可保存 3～6 个月。若需长期保存，应及时转入液氮罐。

（6）应定时检查存储细胞的液氮罐，液氮液面应全部没过细胞冻存管。若发现液氮不足，应及时补充。

第四节　细胞复苏

一、实验介绍

将细胞从休眠状态恢复至正常生长状态的过程称为细胞复苏。本节介绍常用的细胞复苏方法。

二、实验材料

DMEM或RPMI－1640完全培养基、冻存细胞、聚乙烯手套、DMEM或RPMI－1640基础培养基、细胞培养皿、水浴锅、细胞培养箱。

三、实验步骤

（一）细胞快融

（1）准备DMEM或RPMI－1640完全培养基，37℃水浴预热。

（2）从－80℃冰箱或液氮罐内取出冻存细胞。取出时尽量迅速，做好防护措施，避免冻伤。

（3）取出的冻存细胞应迅速置于聚乙烯手套内，然后迅速转移至37℃水浴锅中，水浴融化。

（二）细胞铺板

（1）待细胞完全融化后，迅速转移至含5～10mL DMEM或RPMI－1640基础培养基的离心管中，800～1000rpm离心3min，弃上清，收集沉淀。

（2）获得的沉淀经1～2mL DMEM或RPMI－1640完全培养基轻柔重悬。

（3）以10cm细胞培养皿为例，加入8mL预热的DMEM或RPMI－1640完全培养基后，将上述细胞悬液加入细胞培养皿，十字交叉法混匀。37℃、5%CO_2细胞培养箱培养过夜。

（4）检查细胞状态，并更换新鲜DMEM或RPMI－1640完全培养基继续培养。

四、注意事项

（1）细胞复苏遵循快融的原则，细胞融化时间应控制在1～2min。当细胞融化后，应迅速转移至离心管内进行离心，切勿在外放置3min以上。

（2）重悬细胞时，切勿用移液器猛烈快速吹打，以防细胞损伤。

第六章
原代细胞分离

第一节　小鼠骨髓细胞分离

一、实验介绍

小鼠股骨中包含大量骨髓细胞，骨髓细胞能够被不同的因子诱导分化为多种细胞，如树突状细胞、破骨细胞和巨噬细胞等。因此分离小鼠的骨髓细胞，在体外进行诱导刺激，可用于研究药物等对树突状细胞、破骨细胞和巨噬细胞等增殖分化相关功能的影响。

二、实验材料

8～12周体重相近的C57BL/6雄性小鼠（简称小鼠）、乙醇、剪刀、RPMI－1640完全培养基、纱布、乙二胺四乙酸、镊子、注射器、滤器、离心管、低渗溶液（2g NaCl，蒸馏水定容至1L，pH7.0）、高渗溶液（16g NaCl，蒸馏水定容至1L，pH7.0）、超净工作台。

三、实验步骤

（一）小鼠股骨分离

（1）采用颈椎脱臼法处死小鼠，将小鼠放入75％乙醇中浸泡消毒5min。

（2）在超净工作台操作，剥离小鼠股骨，剥离时防止股骨断裂，用灭菌的剪刀剔除掉边缘附属组织。

（3）将RPMI－1640完全培养基预冷。将剔除附属组织的股骨完全浸泡在10mL预冷的RPMI－1640完全培养基中，静置浸泡5min，使肌肉完全疏松。

（4）用灭菌的剪刀尽量彻底剪除骨头外肌肉，之后用纱布反复擦拭，去除多余肌肉。

（二）股骨原代细胞分离

（1）RPMI－1640完全培养基中加入2mmol/L乙二胺四乙酸，预冷。用灭菌的剪刀将骨头的两端减掉，用镊子夹住骨头，直立于细胞培养皿上，用10mL的注射器吸取预冷的含2mmol/L乙二胺四乙酸的RPMI－1640完全培养基，注射器装上25G注射针，插入骨腔中，冲洗腔内骨髓细胞。重复操作，反复冲洗直至骨头变白。为了有效去除腔内细胞，可用注射针头轻轻擦刮腔内。

（2）收集冲洗出的骨髓细胞，用注射器柱塞捣碎冲洗出的块状骨髓，移液器反复吹打，将细胞团吹打成单细胞悬液。

（3）取 70μm 滤器，置于离心管上，将细胞悬液轻轻倒入滤器进行过滤，去除细胞悬液中的杂质或成团组织。

（4）用预冷的含 2mmol/L 乙二胺四乙酸的 RPMI－1640 完全培养基冲洗滤器，尽可能多地收集骨髓细胞悬液。

（5）收集过滤的骨髓细胞悬液经 4℃、1400rpm 离心 7min，弃上清，收集沉淀。

（6）加入 20mL 预冷的低渗溶液，裂红 18s。之后快速加入 20mL 预冷的高渗溶液终止裂红。裂红时间勿超过 30s，以避免骨髓细胞死亡。

（7）裂红后的细胞经 4℃、1400rpm 离心 7min，弃上清，收集沉淀。

（8）获得的沉淀经预冷的含 2mmol/L 乙二胺四乙酸的 RPMI－1640 完全培养基重悬，4℃、1400rpm 离心 7min，弃上清，收集沉淀。

（9）获得的沉淀经含有不同刺激因子的 RPMI－1640 完全培养基重悬，诱导骨髓细胞，细胞计数并接种。

四、注意事项

（1）操作过程需在超净工作台中进行。

（2）所用试剂耗材提前灭菌。

（3）所有溶液应 4℃预冷，以防止骨髓细胞提前活化。

（4）细胞培养时可加入抗生素，防止培养过程中污染细胞。

（5）根据实验目的不同，收集的骨髓细胞用不同的刺激因子进行诱导，如粒细胞－巨噬细胞集落刺激因子、白细胞介素－4、FMS 样酪氨酸激酶 3 配体等可诱导骨髓细胞分化为树突状细胞，巨噬细胞集落刺激因子可诱导骨髓细胞分化为巨噬细胞等。

第二节　小鼠肝实质细胞和肝非实质细胞分离

一、实验介绍

肝脏细胞包括肝实质细胞（肝细胞）和非实质细胞（包括淋巴细胞、血窦内皮细胞、星状细胞等）。本节介绍的方法适用于分离小鼠肝实质细胞和非实质细胞，分离的小鼠肝脏原代细胞能够满足对肝细胞的体外基础类实验，分离的非实质细胞可用于研究肝脏的微环境变化。

二、实验材料

6～12 周体重相近的 C57BL/6 雄性小鼠（简称小鼠）、异氟烷、乙醇、胶带、显微剪、显微镊、开胸器、棉签、生理盐水、注射器、PBS 缓冲液（8g NaCl、200mg KCl、1.44g Na_2HPO_4、240mg KH_2PO_4，蒸馏水定容至 1L，pH7.2～7.4）、灌注导管、

Hank's 平衡盐溶液（Hank's balanced salt solution，HBSS)、消化液（含 2.5mg/mL 胶原酶 D 和 10U/mL 脱氧核糖核酸酶的 Hank's 平衡盐溶液)、剪刀、全自动组织处理器、恒温箱、DMEM 完全培养基、滤器、商品化红细胞裂解液、麻醉机。

三、实验步骤

（一）小鼠麻醉

（1）取待检测小鼠，打开麻醉机，调节麻醉剂量，用异氟烷麻醉小鼠 5～15min。

（2）采用颈椎脱臼法处死小鼠，放入 75%乙醇中浸泡消毒 5min。将小鼠四肢用胶带固定在加热的解剖台上，暴露小鼠整个胸部和腹部。

（二）肝脏灌注消化

（1）用显微剪和显微镊沿腹部正中纵向打开小鼠腹部，使用小鼠开胸器固定胸部。

（2）棉签用生理盐水打湿，轻轻剥离暴露肝脏，用棉签拨开中肝和左肝，暴露门静脉，用棉签轻轻剥离出门静脉。

（3）选用 25mL 注射器吸取 PBS 缓冲液，装上灌注导管，缓慢插入门静脉，抽出灌注导管内的注射针，缓慢灌注肝脏，待灌注 1～2mL PBS 缓冲液后，剪开上下腔静脉，继续灌注 20mL PBS 缓冲液，观察肝脏颜色，灌注的肝脏会慢慢变白。

（4）用 10mL 注射器吸取 10mL 消化液，继续灌注消化肝脏组织。

（5）快速取下肝脏，将肝脏置于 5mL 消化液中，用灭菌剪刀剪切肝脏。

（6）用全自动组织处理器进一步轻柔剪切，剪切 3 次，每次剪切 20s。

（三）肝脏消化

（1）剪切后的肝组织置于 37℃恒温箱，80rpm 振荡消化 30min。

（2）消化后的组织加入等比例 DMEM 完全培养基，中和消化。

（3）中和消化后的组织用全自动组织处理器再次轻柔剪切，剪切 3 次，每次剪切 20s，形成单细胞悬液。

（四）肝脏原代细胞分离

（1）制备的单细胞悬液经 100μm 滤器过滤，反复冲洗滤器，以最大限度获得肝实质细胞和非实质细胞。

（2）单细胞悬液经 500RCF 离心 2min，收集上清，上清内含非实质细胞。沉淀再次经 500RCF 离心 2min，离心 2 次，沉淀即含肝实质细胞。

（3）上清中加入商品化红细胞裂解液，裂解红细胞后，经 500RCF 离心 5min，弃上清，收集沉淀，即为非实质细胞。

（4）收集的肝实质细胞和非实质细胞经 PBS 缓冲液洗涤 2 次。

（5）根据后续实验目的，对肝实质细胞和非实质细胞进行体外培养或检测。

四、注意事项

（1）门静脉进针需缓慢，防止穿过血管导致灌注失败。

（2）灌注速度需缓慢，避免灌注速度过快损伤肝实质细胞和非实质细胞。

（3）若后续需要培养细胞，最好在超净工作台中进行，以防细胞污染。

第三节　非哺乳类脊椎动物肝脏原代细胞分离

一、实验介绍

肝脏原代细胞从细胞性状和生物学特性上更接近肝脏生理状态，是探究肝脏物质合成、代谢较为理想的细胞模型，目前以大鼠、小鼠、猪等为代表的哺乳动物肝脏原代细胞培养方案已经较为成熟，并广泛应用于临床科研。以鸡为代表的禽类作为非哺乳脊椎动物的典型代表，其肝脏功能与哺乳动物大不相同，对于探究脊椎动物肝脏功能的演化具有重要意义。本节以1月龄罗曼粉蛋鸡为例，参照Seglen原位二步灌注法并进行了改良，进行肝脏原代细胞分离。

二、实验材料

灌注液、消化液、清洗液、水浴锅、蠕动泵、注射针、乙醇、1月龄罗曼粉蛋鸡（简称家鸡）、肝素钠、戊巴比妥钠、商品化新洁尔灭、显微剪、手术刀、缝合线、平皿、显微镊、离心管、巴氏吸管、滤器、M199完全培养基、48孔板、无菌操作台。

灌注液、消化液、清洗液等的相关配制如表6－1～表6－3。

表6－1　Krebs－Ringer液成分（1L）（高温高压灭菌）

成分	分子量	1×质量（g）	10×质量（g）
NaCl	58.44	6.95	69.54
KCl	74.55	0.19	1.86
NaH_2PO_4	137.99	1.38	1.38
HEPES	238.3	4.77	47.66

表6－2　Ca^{2+}母液、Mg^{2+}母液、葡萄糖母液成分（100mL）（过滤除菌）

成分	分子量	质量（g）	摩尔浓度（mmol/L）
$CaCl_2$	110.98	11.098	1000
$MgCl_2 \cdot 6H_2O$	203.30	20.33	1000
葡萄糖	180.16	45.04	2500

表 6－3　灌注液、消化液、清洗液配制（现配现用）

溶液	10×Krebs－Ringer 液（mL）	Mg^{2+} 母液（mL）	Ca^{2+} 母液（mL）	葡萄糖母液（mL）	胎牛血清（mL）	胶原酶 I（mL）
灌注液（250mL）	25	325	—	1.2	—	—
消化液（50mL）	5	65	125	1.2	1	12.5
清洗液（50mL）	51	65	—	1.2	1	—

三、实验步骤

（1）将配制好的灌注液、消化液、清洗液置于 37℃水浴预热。

（2）将蠕动泵出水端套上注射针头，进水端放入 75％乙醇，开泵循环 5min 以达到消毒目的。

（3）家鸡禁食 2～4h，翅静脉下注射肝素钠（1500～1700U/kg）以防止凝血，腹腔皮下注射 50mg/kg 戊巴比妥钠进行麻醉。

（4）麻醉后，用 75％乙醇或 0.1％的商品化新洁尔灭，对家鸡进行擦拭消毒处理。将家鸡置于无菌操作台内，仰面固定。

（5）使用显微剪，沿家鸡腹部中线剪开表皮，随后用手术刀打开腹腔，先结扎入右肝门静脉群，再结扎入左肝门静脉群，最后结扎后腔静脉和髂总静脉，取出肝脏，置于平皿中，并加入少量预热灌注液防止组织表面脱水。

（6）第一步灌注，将蠕动泵中的乙醇排空并换上预热的灌注液，并将管中空气排空，随后将针头插入肝脏主动脉（左右叶均可），为防止漏液，可选用缝合线结扎针头插入主动脉的部分。开泵灌注，若观察到肝脏膨胀且胆囊有血液排出，表示灌注成功，直至肝脏颜色变为暗黄色、流出液体清亮为止。持续灌注约 250mL，成年家鸡需 500mL 左右。灌注过程盛有肝脏的平皿需保持 37℃水浴。

（7）第二步灌注，置换消化液，37℃水浴消化 10min。

（8）使用显微镊剥开肝被膜，消化好的肝脏呈糜烂状态，将此时的肝脏转移入离心管中，使用巴氏吸管吹散肝脏中的细胞。500rpm 离心 1～3min，将上清液转移至新的离心管中，弃沉淀。

（9）将收集到的上清液 1000rpm 离心 1～3min，弃上清，加入适量预热的清洗液吹匀，重复此清洗步骤 1 次。

（10）将清洗完成的肝脏细胞用 0.45μm 滤器过滤，随后 1000rpm 离心 1～3min，弃上清，收集沉淀。

（11）获得的沉淀经 M199 完全培养基重悬，接种于 48 孔板，每孔 300mL，细胞密度约为 8×10^{5}/mL。

四、注意事项

（1）灌注时盛有肝脏的平皿需保持37℃水浴。

（2）消化液应循环灌注。

第四节　人原代角质形成细胞分离

一、实验介绍

人的角质形成细胞株具有一定局限性，不能够较好地模拟人角质形成细胞的变化。分离人原代角质形成细胞能够较好地在体外模拟人角质形成细胞的变化，可用于体外研究药物作用、分析分子调控网络和分子作用机制等。相关实验流程图见图6-1。

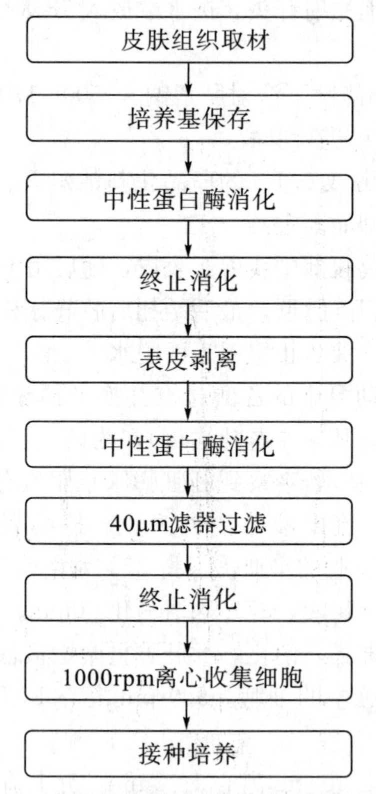

图6-1　人原代角质形成细胞分离实验流程图

二、实验材料

皮肤组织、生理盐水、人角质形成细胞培养基、离心管、细胞培养皿、手术刀、剪刀、中性蛋白酶、青霉素、链霉素、抗真菌抗生素、摇床、镊子、恒温箱、胰蛋白酶、滤器、DMEM完全培养基、细胞计数仪或细胞计数板、6孔板、细胞培养箱、超净工作台、显微镜。

三、实验步骤

（一）皮肤组织取材及保存

取皮肤组织后将其放入生理盐水中，密封转移至超净工作台。将皮肤组织转移至含15mL的人角质形成细胞培养基的离心管中，4℃暂时保存。

（二）组织消化

（1）将皮肤组织转移至10cm直径的细胞培养皿中，采用灭菌的手术刀，尽量去除皮肤真皮组织。采用灭菌的剪刀，剪成1cm×1cm的小块。

（2）随后将皮肤组织转移至含2.4U/mL中性蛋白酶的离心管中，加入200U/mL青霉素（或0.2mg/mL链霉素）和5mg/L抗真菌抗生素，防止细菌和真菌污染。

（3）经4℃、摇床80rpm振荡孵育过夜，消化时间控制在15h左右，时间过短可能会导致消化不完全，时间过长可能会导致消化过度。

（三）终止消化

（1）将消化后的皮肤组织和中性蛋白酶一起转移至10cm直径的细胞培养皿中。

（2）随后将皮肤组织转移至含新鲜人角质形成细胞培养基的10cm直径的细胞培养皿中，以洗去多余的中性蛋白酶，终止消化。

（四）表皮剥离

（1）取出消化过的皮肤组织，轻轻地用一对灭菌的镊子将表皮和真皮剥离（可通过一个镊子固定组织，另一个镊子分离表皮）。如果表皮和真皮不容易分离，则可将组织再次放入2.4U/mL含中性蛋白酶的10cm直径的细胞培养皿中，置于37℃恒温箱继续消化30～60min。

（2）剥离的表皮加入含2.4U/mL中性蛋白酶或0.25%胰蛋白酶的离心管中，37℃恒温箱孵育20～30min。其间每5min摇晃1次，随着消化时间的延长，溶液会变得越来越混浊。

（3）准备40μm滤器，将滤器放置于离心管上，将上述消化后的溶液滤过滤器。

（4）用与溶液等量的DMEM完全培养基终止消化，1000rpm离心5min，弃上清，收集沉淀。

（五）人原代角质形成细胞分离和接种

（1）获得的沉淀加入人角质形成细胞培养基重悬，1000rpm离心5min，弃上清，收集沉淀。

（2）获得的沉淀再次加入人角质形成细胞培养基重悬，利用细胞计数仪或细胞计数板进行计数。

（3）按照每孔2×10^5个细胞接种6孔板。37℃、5%CO_2细胞培养箱培养过夜。

（4）更换新鲜人角质形成细胞培养基，以去除未贴壁的细胞，并在显微镜下观察细胞形态。

（5）在细胞传代过程中，细胞接种密度可降低一半，37℃、5%CO_2细胞培养箱继续培养。

(6) 每3天更换1次培养基。因培养基中含有人角质形成细胞分泌的促生长因子，因此避免在细胞密度较低时过于频繁地更换培养基。

四、注意事项

(1) 组织消化前，务必将组织底部脂肪去除，否则将不易于消化。

(2) 组织消化时，勿将组织块切割太大，否则将不易于消化。

(3) 为防止污染，所有实验应在超净工作台进行。

(4) 组织消化时间可能因取材患者不同而不同，可进行适当调整。

(5) 接种时尽量将细胞铺均匀，以防细胞出现接触生长抑制。

(6) 第一代细胞培养时可适当加入抗生素，以防止污染，后续可撤除抗生素，或使用较低浓度抗生素，以免影响细胞生长状态。

第五节　小鼠原代角质形成细胞分离

一、实验介绍

由于人原代角质形成细胞不易获得，小鼠原代角质形成细胞能够在一定程度上模拟人角质形成细胞，在不具备获取人原代角质形成细胞的情况下，研究者可以选择分离小鼠原代角质形成细胞，用于医学基础科学研究。

二、实验材料

4～6周或12～18周体重相近的C57BL/6雄性小鼠（简称小鼠）、剃毛刀、乙醇、细胞培养皿、剪刀、镊子、手术刀、胰蛋白酶、恒温箱、细胞培养箱、滤器、离心管、DMEM完全培养基、PBS缓冲液（8g NaCl、200mg KCl、1.44g Na_2HPO_4、240mg KH_2PO_4，蒸馏水定容至1L，pH7.2～7.4）、鼠角质形成细胞培养基、细胞计数仪或细胞计数板、6孔板、超净工作台、显微镜。

三、实验步骤

（一）小鼠背部皮肤获取

(1) 用剃毛刀将小鼠背部皮肤剔除，75%乙醇棉片擦拭背部，去除残留毛发。

(2) 按照标准操作将小鼠颈椎脱臼处死，浸泡于75%乙醇中5min，随后转移至超净工作台进行后续操作。

(3) 将小鼠转移至10cm细胞培养皿中。

(4) 利用灭菌的剪刀和镊子进行操作，剪取整块小鼠背部皮肤。

(5) 将取下的皮肤真皮朝上，展平放置于细胞培养皿中，利用灭菌的手术刀和镊子刮掉黏附于真皮的脂肪组织。

（二）鼠尾皮肤获取

（1）剪取小鼠尾巴，剪去底端鼠尾部分。一只手用灭菌的镊子固定住鼠尾，另一只手用灭菌的手术刀从中间划开鼠尾表皮和真皮。

（2）取两把灭菌的镊子，一把夹住小鼠鼠尾的表皮和真皮，另一把夹住鼠尾皮肤内部组织，从底部至尾端轻轻剥离鼠尾皮肤。

（三）皮肤组织消化

（1）将背部去除脂肪的皮肤利用灭菌的剪刀剪成 1cm×1cm 的组织块，同时将一根尾部皮肤平均剪成 3 块。

（2）一只小鼠剪切后的背部皮肤和鼠尾皮肤加入 5mL 0.25%胰蛋白酶，保持真皮朝下、表皮朝上，浸泡于 10cm 直径的细胞培养皿中，以表皮能够漂浮于 0.25%胰蛋白酶为最佳。

（3）利用灭菌的镊子展开卷曲的皮肤边缘，4℃恒温箱消化过夜。

（四）表皮消化

（1）取出消化的皮肤，尝试用灭菌的镊子分离真皮和表皮，若不易分离，则表明消化不完全，可置于 37℃、5%CO_2 细胞培养箱继续消化 30min。

（2）在超净工作台中，利用灭菌的镊子轻轻剥离表皮和真皮。

（3）将一只小鼠剥离的表皮置于 5mL 新的 0.25%胰蛋白酶中。

（4）37℃、5%CO_2 细胞培养箱消化 20～30min，每间隔 5～10min 摇晃观察 1 次，观察溶液浑浊情况。

（五）小鼠原代角质形成细胞分离及培养

（1）准备 40μm 滤器，将滤器放置于离心管上，将上述消化后的溶液（即细胞悬液）滤过滤器，加入等量 DMEM 完全培养基，终止消化。

（2）过滤的细胞悬液经 1000rpm 离心 5min，弃上清，收集沉淀。

（3）获得的沉淀经 PBS 缓冲液重悬，1000rpm 离心 5min，弃上清，去除残余消化液或 DMEM 完全培养基，收集沉淀。

（4）获得的沉淀经鼠角质形成细胞培养基重悬，1000rpm 离心 5min，弃上清，收集沉淀。

（5）获得的沉淀经鼠角质形成细胞培养基重悬，利用细胞计数仪或细胞计数板进行计数。

（6）按照每孔 2×10^5 个细胞接种 6 孔板。37℃，5%CO_2 细胞培养箱培养过夜。

（7）更换新鲜鼠角质形成细胞培养基，以去除未贴壁的细胞，并在显微镜下观察贴壁细胞形态。

（8）在细胞传代过程中，细胞接种密度可降低一半。37℃，5%CO_2 细胞培养箱继续培养。

（9）每 3 天更换 1 次培养基。因培养基中含有鼠角质形成细胞分泌的促生长因子，因此避免在细胞密度较低时过于频繁地更换培养基。

四、注意事项

（1）6～12周龄成年小鼠处于毛发生长期，背部通常会出现黑色毛斑，不易于皮肤消化。因此，取成年小鼠背部皮肤标本时，只有当要切除的区域处于毛发生长的休止期时，才能取材。而小鼠尾部的毛发密度极低，不会干扰真皮与表皮的消化分离。因此，可以随时从尾部皮肤分离小鼠原代角质形成细胞。

（2）背部皮肤消化前，尽量将脂肪组织去除干净，以防影响消化效果。

（3）消化时需将真皮朝下、表皮朝上进行消化，消化时间因胰蛋白酶效价不同适量调整。

（4）消化时，勿将组织块切割太大，以防不易于消化。

（5）为防止污染，所有实验应在超净工作台中进行。

（6）接种时可尽量将细胞铺均匀，以防细胞出现接触生长抑制。

（7）第一代细胞培养时可适当加入抗生素，以防止污染，后续可撤除抗生素，或使用较低浓度的抗生素，以免影响细胞生长状态。

第七章
细胞功能学实验

第一节　真核细胞转染和稳定转染细胞株筛选

一、实验介绍

在细胞实验中，可利用脂质体协助转染质粒来调变基因表达水平，并通过筛选稳定转染细胞株，进而研究特定基因在特定条件下细胞的功能。通常可根据所转染质粒的类型选择转染试剂，按照说明书进行操作。本节介绍常规的转染、筛选方式，适用于贴壁细胞。

二、实验材料

细胞、胰蛋白酶、DMEM 或 RPMI－1640 完全培养基、细胞计数仪或细胞计数板、细胞培养箱、6 孔板、普通显微镜、血清、DMEM 或 RPMI－1640 基础培养基、24 孔板、96 孔板、抗生素、滤纸。

三、实验步骤

（一）真核细胞转染

（1）选择处于对数生长期的细胞，用 0.25％胰蛋白酶消化，用 DMEM 或 RPMI－1640 完全培养基中和，终止消化，细胞计数仪或细胞计数板进行计数。

（2）接种 6 孔板，每孔接种数为（1～3）$\times 10^5$ 个细胞，将接种的 6 孔板置于 37℃、5％CO_2 细胞培养箱培养过夜。

（3）利用普通显微镜观察细胞状态，待培养过夜的细胞融合度达 60％～80％，即可用于后续实验。

（二）稳定转染细胞株筛选

（1）提前摸索细胞对特定抗生素（根据质粒抗性而定）的敏感浓度，将细胞培养在含 0～10μg/mL 的 10 个不同浓度梯度抗生素的 DMEM 或 RPMI－1640 完全培养基中，选取 14 天内全部致死浓度的一半为抗生素筛选浓度。

（2）转染 72h 的细胞用 0.25％胰蛋白酶消化，经细胞计数仪或细胞计数板进行细胞计数后，用 DMEM 或 RPMI－1640 完全培养基按照 1∶10 的比例稀释，在 6 孔板中进行传代。

(3) 细胞贴壁后，DMEM 或 RPMI－1640 完全培养基换成含 10％血清和适宜筛选抗生素浓度的 DMEM 或 RPMI－1640 基础培养基。置于 37℃、5％CO_2细胞培养箱培养 72h，可见单个细胞分裂繁殖形成单个抗性集落。

(4) 采用滤纸片法或有限稀释法进行单克隆挑选。滤纸片法指将浸泡过 0.25％胰蛋白酶的滤纸贴在单细胞集落上约 10s，之后取出滤纸转移至 24 孔板进行加压培养传代。有限稀释法指将抗生素初筛的 6 孔板中的细胞进行连续 10 倍梯度稀释，将 10^2～10^{10}稀释度稀释的细胞分别加入不同的 96 孔板中进行继续培养，约 7 天后可见单个抗性集落，再次进行 10 倍梯度稀释和 96 孔板接种，如此反复操作 3 次，直至获得纯度较高、抗性较好的细胞集落。

(5) 利用荧光定量 PCR 检测单克隆来源的细胞中所转染质粒的 mRNA 表达情况，利用蛋白质印迹法检测单克隆来源的细胞中所转染质粒的蛋白质表达情况。若转染质粒调变的是分泌蛋白质，可利用 ELISA 检测分泌蛋白质水平。

(6) 选取表达水平良好的单克隆细胞进行传代保种。

四、注意事项

(1) 选择提取纯度较好的质粒进行转染。

(2) 由于加入了外源性质粒，操作过程应在超净工作台中进行，避免污染。

(3) 脂质体单独混匀或与质粒混匀时，应轻轻混匀，切勿过度混匀导致脂质体结构破坏。

(4) 抗生素和血清可能会干扰转染效率，因此转染培养基不加抗生素和血清。

第二节　真核细胞慢病毒感染和稳定转染细胞株筛选

一、实验介绍

在细胞实验中，对于难以转染的细胞，可订购包裹有特定慢病毒质粒的慢病毒进行细胞感染，调变目的基因表达水平，并根据质粒所包含的抗生素抗性决定筛选抗生素种类，筛选稳定感染的细胞株，进而研究特定基因在特定条件下细胞的功能。本节所描述方法为利用包裹含嘌呤霉素和荧光蛋白质的慢病毒质粒的慢病毒进行细胞感染和稳定转染细胞株筛选，适用于贴壁细胞。真核细胞慢病毒感染和稳定转染细胞株筛选实验流程图见图 7－1。

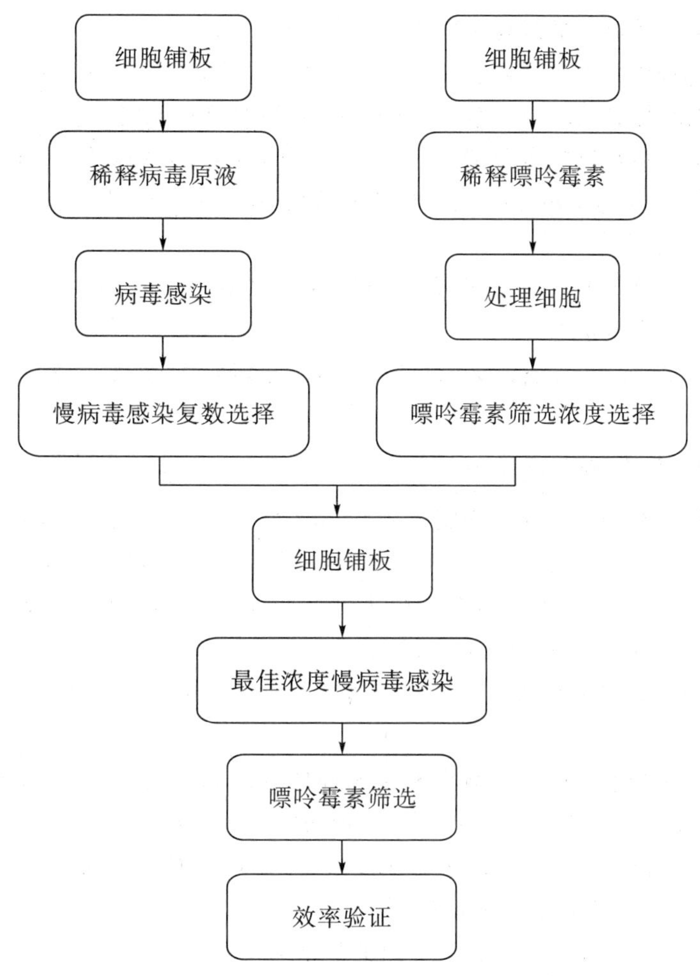

图 7-1 真核细胞慢病毒感染和稳定转染细胞株筛选实验流程图

二、实验材料

细胞、胰蛋白酶、DMEM 或 RPMI-1640 完全培养基、细胞计数仪或细胞计数板、24 孔板、细胞培养箱、普通显微镜、商品化生理盐水、慢病毒、DMEM 或 RPMI-1640 基础培养基、聚凝胺、嘌呤霉素、6 孔板、荧光显微镜。

三、实验步骤

（一）慢病毒感染复数选择

（1）选择处于对数生长期的细胞，用 0.25%胰蛋白酶消化，用 DEME 或 RPMI-1640 完全培养基中和，终止消化，细胞计数仪或细胞计数板进行计数。

（2）接种 24 孔板，每孔接种数一般为（0.1～1.0）$\times 10^5$ 个细胞，将接种的 24 孔板置于 37℃、5%CO_2 细胞培养箱培养过夜。

（3）普通显微镜下观察细胞状态，待培养过夜的细胞融合度达 60%～80%，即可用于后续实验。

(4) 弃原有培养基，商品化生理盐水洗涤细胞2次。

(5) 冰上缓慢解冻慢病毒，感染细胞时，用DEME或RPMI－1640基础培养基按照病毒颗粒数与细胞数为10∶1至200∶1的比例稀释病毒原液。

(6) 将不同稀释比的病毒分别加入24孔板的不同细胞培养孔中，向培养基中添加聚凝胺，使其终浓度为5μg/mL，以增强感染效率。每个稀释比做三个复孔，37℃、5%CO_2细胞培养箱感染6h。

(7) 感染后的细胞培养基置换成DEME或RPMI－1640完全培养基，37℃、5%CO_2细胞培养箱继续培养。

(8) 细胞感染24～72h后，采用荧光显微镜观察筛选转染效率最高的孔，选择合适的感染复数。

(二) 抗生素筛选浓度选择

(1) 选择处于对数生长期的细胞，用0.25%胰蛋白酶消化，用DEME或RPMI－1640完全培养基中和，终止消化，细胞计数仪或细胞计数板进行计数。

(2) 接种24孔板，每孔接种数一般为(0.1～1.0)×10^5细胞，将接种的24孔板置于37℃，5% CO_2细胞培养箱培养过夜。

(3) 显微镜下观察细胞状态，待培养过夜的细胞融合度达60%～80%，即可用于后续实验。

(4) 配置嘌呤霉素，将嘌呤霉素分别稀释成浓度为0μg/mL、1μg/mL、2μg/mL、3μg/mL、4μg/mL、5μg/mL、6μg/mL、7μg/mL、8μg/mL、9μg/mL、10μg/mL。

(5) 将以上不同浓度的嘌呤霉素分别加入24孔板培养的细胞中，每个浓度做三个复孔。37℃、5%CO_2细胞培养箱继续培养24～72h。

(6) 其间观察细胞状态，选择72h内细胞全部死亡的最低嘌呤霉素浓度为筛选稳定转染细胞株的合适筛选浓度。

(三) 慢病毒感染筛选

(1) 选择处于对数生长期的细胞，用0.25%胰蛋白酶消化，用DEME或RPMI－1640完全培养基中和，终止消化，细胞计数仪或细胞计数板进行计数。

(2) 接种6孔板，每孔接种数一般为(1～3)×10^5个细胞，将接种的6孔板置于37℃、5%CO_2细胞培养箱培养过夜。

(3) 普通显微镜下观察细胞状态，待培养过夜的细胞融合度达60%～80%，即可用于后续实验。

(4) 冰上缓慢解冻慢病毒，利用DEME或RPMI－1640基础培养基稀释浓缩的病毒原液，利用合适的感染复数感染细胞，同时聚凝胺，使其终浓度为5μg/mL，以增强感染效率，在DEME或RPMI－1640基础培养基条件下，37℃、5% CO_2细胞培养箱感染6h。

(5) 感染后的细胞培养基置换成DEME或RPMI－1640完全培养基，37℃、5%CO_2细胞培养箱继续培养48h。

(6) 将培养基中加入筛选浓度的嘌呤霉素，持续筛选四周。

（7）其间在荧光显微镜下观察细胞感染效率和筛选情况，筛选结束后采用蛋白质印迹法检测，验证获得的稳定转染细胞株。

（8）嘌呤霉素筛选浓度的一半为嘌呤霉素维持浓度，将筛选后的细胞培养基置换成含嘌呤霉素维持浓度的细胞培养基，继续维持培养传代，用于进一步实验研究。

四、注意事项

（1）慢病毒解冻需缓慢融化，可在冰上或4℃恒温箱内进行。

（2）病毒液加入细胞后，需轻轻混匀，以防止局部病毒含量过高。

（3）慢病毒避免反复冻融，或暴露于常温过久，防止病毒效价降低。

第三节　流式细胞术周期检测

一、实验介绍

细胞分裂停止时为G0期，细胞分裂时需经历G1期、S期、G2期和M期，这几个时期循环交替称为细胞周期。细胞周期各期DNA含量不同，而碘化丙啶（PI）能够与DNA结合，因此PI的荧光强度可以反映细胞内DNA含量。对经药物等处理的细胞进行PI染色，进而通过流式细胞术对PI进行定量，可分析药物对细胞的周期影响。

二、实验材料

细胞、流式管、PBS缓冲液（8g NaCl、200mg KCl、1.44g Na_2HPO_4、240mg KH_2PO_4，蒸馏水定容至1L，pH7.2～7.4）、细胞培养皿、胰蛋白酶、DMEM或RPMI－1640完全培养基、细胞计数仪或细胞计数板、乙醇、恒温箱、商品化PI染色液、流式细胞仪。

三、实验步骤

（一）细胞收集

（1）若待检测细胞为悬浮细胞，将细胞转移至流式管，1000RCF离心5min，弃上清，收集沉淀。获得的沉淀经PBS缓冲液重悬，1000RCF离心5min，弃上清，收集沉淀。

（2）若待检测细胞为贴壁细胞，弃培养基，细胞培养皿中贴壁细胞经PBS缓冲液洗涤2次，之后加入0.25%胰蛋白酶进行消化，用DEME或RPMI－1640完全培养基中和，终止消化。将终止消化后的细胞转移至流式管，1000rpm离心5min，弃上清，收集沉淀。获得的沉淀经PBS缓冲液重悬，1000RCF离心5min，弃上清，收集沉淀。

（二）细胞固定

（1）获得的沉淀经PBS缓冲液重悬，用细胞计数仪或细胞计数板计数，之后按照每管（100μL）1×10^6个细胞分装至流式管，1000rpm离心5min，弃上清，收集沉淀。

（2）获得的沉淀经预冷70%～95%乙醇重悬，4℃恒温箱固定2～12h。

（3）固定后的细胞经1000rpm离心5min，弃上清，收集沉淀。

（4）获得的沉淀经PBS缓冲液洗涤重悬，1000rpm离心5min，弃上清，收集沉淀。

（三）染色分析

（1）按照相关说明书推荐剂量加入商品化PI染色液，重悬细胞沉淀，室温或37℃恒温箱避光染色30～60min。

（2）染色细胞经流式细胞仪上机检测，激发波长选用488nm，通道采用PI通道。

（3）分析分布在每个期的细胞所占的百分比。

四、注意事项

（1）胰蛋白酶消化时间不宜过长，否则容易引起染色假阳性。

（2）固定后的细胞若成团严重，细胞悬液可用200μm滤器进行过滤，之后再进行染色。

（3）染色时间不宜过长，避免产生假阳性。

（4）染色后应控制在1h内完成上机检测，避免时间过长导致结果不稳定。

（5）上机检测后，将流式通道进行彻底清洗。

第四节　流式细胞术凋亡检测

一、实验介绍

细胞发生早期凋亡时，位于细胞膜的磷脂酰丝氨酸从胞浆侧外翻至胞膜侧。细胞进入凋亡晚期时，除了细胞膜磷脂酰丝氨酸发生外翻，细胞膜完整性也会严重受损。Annexin V能够结合外翻的磷脂酰丝氨酸，而碘化丙啶（PI）在细胞膜完整性受损的情况下能够进入细胞核，结合核酸。因此细胞经荧光偶联的Annexin V和PI染色后，可通过流式细胞术分析细胞的凋亡情况。

二、实验材料

细胞、流式管、PBS缓冲液（8g NaCl、200mg KCl、1.44g Na_2HPO_4、240mg KH_2PO_4，蒸馏水定容至1L，pH7.2～7.4）、细胞培养皿、胰蛋白酶、DMEM或RPMI－1640完全培养基、荧光偶联的Annexin V、商品化PI染色液、细胞计数仪或细胞计数板、流式细胞仪。

三、实验步骤

（一）细胞收集

细胞收集同本章第三节流式细胞术周期检测相关内容。

（二）染色分析

（1）获得的沉淀经 PBS 缓冲液重悬，用细胞计数仪或细胞计数板计数，之后按照每管 100μL 含（1～5）$\times 10^5$ 个细胞的量分装至流式管。

（2）每管加入 5μL 荧光偶联的 Annexin V，混匀，室温避光染色 5～15min。

（3）按照相关说明书推荐剂量加入商品化 PI 染色液，染色 3～5min。

（4）流式细胞仪上机检测。

（5）分析统计活细胞（Annexin V 阴性和 PI 阴性细胞群）、早期凋亡细胞（Annexin V 阳性和 PI 阴性细胞群）和晚期凋亡细胞（Annexin V 阳性和 PI 阳性细胞群）占总细胞的百分比。

四、注意事项

1. 染色时间不宜过长，避免产生假阳性。
2. 染色后应在 1h 内完成上机检测，避免时间过长导致结果不稳定。

第五节　细胞迁移侵袭实验

一、实验介绍

采用 Transwell 小室可将小室内和小室外的液体很好地分离开，构成营养差。癌细胞能够通过形态变化缓慢从低营养的室内向高营养的室外定向移动，以模拟体内癌细胞的迁移行为。另外 Transwell 小室加入基质胶后，导致癌细胞必须透过小室基质胶进行转移，很好地模拟了体内癌细胞经血管基底膜侵袭组织的行为。本实验适用于分析药物等对癌细胞的迁移侵袭能力调控作用的研究。

二、实验材料

Transwell 小室、乙醇、生物安全柜、PBS 缓冲液（8g NaCl、200mg KCl、1.44g Na_2HPO_4、240mg KH_2PO_4，蒸馏水定容至 1L，pH7.2～7.4）、枪尖、基质胶、24 孔板、细胞培养箱、DMEM 或 RPMI－1640 基础培养基、DMEM 或 RPMI－1640 完全培养基、细胞计数仪或细胞计数板、棉签、多聚甲醛、结晶紫、甲醇、滤纸、镊子。

三、实验步骤

（一）Transwell 小室制备

（1）选择合适孔径的 Transwell 小室（迁移侵袭模拟一般用 8.0μm 孔径的 Transwell 小室），将泡在 75%乙醇中的小室在生物安全柜中用 PBS 缓冲液洗涤，紫外线照射 2h 进行杀菌，同时将所有灭菌后的枪尖预冷。

（2）在冰上进行操作，用 DMEM 或 RPMI－1640 基础培养基稀释基质胶，稀释比为 1∶6。

（3）将基质胶均匀铺在小室的膜上，1个小室大概用30μL基质胶，将小室做好标记，用于进行侵袭实验。

（4）基质胶在−20℃呈固态、4℃呈液态、37℃呈固态，将含基质胶的小室放在24孔板中，转移至37℃培养箱使基质胶凝固。

（二）细胞铺板

（1）采用一般传代的方法制备细胞悬液，用DMEM或RPMI−1640基础培养基重悬细胞，细胞计数仪或细胞计数板进行细胞计数，计算细胞浓度。

（2）在没有铺基质胶的小室中加入约含5×10^4个细胞的100μL DMEM或RPMI−1640基础培养基，做迁移实验。在有基质胶的小室中加入约含1×10^5个细胞的100μL DMEM或RPMI−1640基础培养基，做侵袭实验。

（3）在24孔板中每孔加入600μL DMEM或RPMI−1640完全培养基，将小室转移至24孔板中，37℃、5%CO_2细胞培养箱继续培养，根据细胞迁移和侵袭能力，选择合适的时间点做后续检测。

（三）细胞固定

（1）在检测时间点取出24孔板，弃小室液体，用棉签将小室内的细胞和基质胶擦掉。

（2）在干净的24孔板中加入500μL PBS缓冲液，对小室进行洗涤，重复洗涤2次。

（3）在全新的24孔板中加入500μL 4%多聚甲醛，将小室放入装有4%多聚甲醛的孔中，室温固定20min。

（4）固定后，在全新的24孔板中加入500μL PBS缓冲液洗涤，重复洗涤小室2次。

（四）结晶紫染色分析

（1）取出小室，室温晾干，准备染色。

（2）配置结晶紫染色液，称取0.1g结晶紫粉末溶于20mL甲醇中，用滤纸过滤后配置成结晶紫染色液母液储存，将母液用PBS缓冲液稀释5倍制成结晶紫染色工作液。

（3）在24孔板中每孔加入500μL结晶紫染色工作液，轻轻放入小室，染色10min。

（4）染色后，用镊子将小室取出，在PBS缓冲液中轻轻洗涤，晾干后进行图像采集，分析迁移侵袭数目。

四、注意事项

（1）基质胶的稀释需在低温下进行。

（2）基质胶在37℃的条件下凝固时间不宜过长。

（3）棉签擦拭小室内的细胞和基质胶时尽量轻柔，以防破坏小室。

（4）结晶紫染色工作液的染色时间不宜过长。

第六节　EdU 细胞增殖检测

一、实验介绍

5－乙炔基－2'－脱氧尿苷（EdU）本身是一种胸腺嘧啶核苷类似物。EdU 可以在 DNA 分子复制过程中，替代原本的胸腺嘧啶参与复制，通过与荧光染料发生特异性共轭反应，偶联荧光基团将标记到新合成的 DNA 分子中，通过荧光显微镜分析，可以高效检测 DNA 复制活性，反映处于 S 期细胞的增殖情况。本节介绍了利用 EdU 试剂盒检测 HEK293 细胞增殖。

二、实验材料

细胞、96 孔板、细胞培养箱、药物、EdU、DMEM 基础培养基、PBS 缓冲液（8g NaCl、200mg KCl、1.44g Na_2HPO_4、240mg KH_2PO_4，蒸馏水定容至 1L，pH7.2～7.4）、多聚甲醛、甘氨酸、摇床、Triton X－100、蒸馏水、EdU 检测试剂盒（包含 Apollo 染色液与 Hoechst3342 染料）、荧光显微镜。

三、实验步骤

（一）细胞铺板及处理

（1）选取处于对数生长期的细胞，按照 5×10^4 个/孔或 1×10^5 个/孔接种于 96 孔板。37℃、5% CO_2 细胞培养箱培养过夜。

（2）根据不同实验目的需求，可在此步骤进行药物处理。

（二）细胞固定

（1）弃孔内培养基，每孔加入 100μL 含 20μmol/L EdU 的 DMEM 基础培养基。37℃、5% CO_2 细胞培养箱孵育 2h，弃培养基。

（2）每孔加入 100μL PBS 缓冲液洗涤 2～3 次，每次 5min，弃 PBS 缓冲液。

（3）每孔加入 50μL 4%多聚甲醛，室温固定 30min，弃 4%多聚甲醛。

（4）每孔加入 50μL 2mg/mL 甘氨酸，室温摇床 80rpm 振荡孵育 5min，弃甘氨酸。

（5）每孔加入 100μL PBS 缓冲液，洗涤 5min，弃 PBS 缓冲液。

（6）每孔加入 100μL 0.5% Triton X－100，增加细胞膜通透性，静置 10min，弃 Triton X－100。

（7）每孔加入 100μL PBS 缓冲液，洗涤 5min，弃 PBS 缓冲液。

（三）Apollo 染色

（1）每孔加入 100μL Apollo 染色液，室温避光孵育 10～30min，弃染色液。

（2）每孔加入 100μL 0.5% Triton X－100，室温孵育 2～3 次，每次 5min，弃

Triton X－100。

（3）每孔加入 100μL PBS 缓冲液，洗涤 2 次，每次 5min，弃 PBS 缓冲液。

（四）Hoechst 染色

（1）将 Hoechst 33342 染料用蒸馏水按 1：1000 进行稀释得到 Hoechst 染色工作液。

（2）每孔加入 100μL Hoechst 染色工作液，室温避光孵育 20～30min，弃 Hoechst 染色工作液。

（3）每孔加入 100μL PBS 缓冲液洗涤 2～3 次，每次 5min，弃 PBS 缓冲液。

（4）每孔加入 100μL PBS 缓冲液，置于荧光显微镜下进行观察，或 4℃避光短期保存。

四、注意事项

（1）EdU 孵育时间取决于细胞周期，为细胞周期的 1/10～1/5。

（2）EdU 浓度根据孵育时间调整，孵育时间越久浓度要求越低，EdU 浓度范围为 1～50μmol/L。若孵育时间小于 2h，则 EdU 浓度应在 20～50μmol/L。若孵育时间大于 24h，则应将 EdU 浓度控制在 10μmol/L 以内。

（3）Apollo 染色液需现用现配。

（4）图像拍摄时，曝光时间尽量低于 1s。

第七节　细胞外泌体提取及鉴定

一、实验介绍

外泌体（Exsosomes，EXOs）是从细胞分泌到细胞外的具有脂质双分子结构的囊泡，其大小在 30～150nm。外泌体来自几乎所有正常细胞和肿瘤细胞中多泡体的管腔膜，其可从原始细胞中装载蛋白质、代谢物和核酸等物质，这些被装载的物质可与细胞膜融合，释放到细胞外间隙或进入其他细胞内，参与细胞之间的“交流”。研究发现多种生物体液中存在外泌体。外泌体在抗原呈递、肿瘤生长与迁移、组织损伤修复等生理病理上起着重要作用。不同来源的外泌体装载的成分有所不同，相同来源的外泌体在不同的生理环境下装载的成分也存在差异，具有作为疾病诊断生物标志物的潜力。由于外泌体具有特殊的结构和功能，在未来有可能作为药物的天然载体用于临床治疗。

目前较为认可的外泌体提取方法有差速离心法、密度梯度离心法、超滤离心法、试剂盒或商品化产品提取外泌体等。对于分离获得的外泌体需要从不同层面完成鉴定。利用免疫印迹法可鉴定外泌体表面标志性抗原表达，通常检测的标志性蛋白质有 CD63、CD9、CD81、TSG101、HSP70、ALIX 等。外泌体并没有公认的内参蛋白质，不同来源、不同环境、不同生长阶段都可能影响外泌体装载蛋白质的表达情况。利用透射电镜可鉴定外泌体形态。利用粒径分析法可鉴定外泌体大小。本节对不同的外泌体提取及鉴定方法进行介绍。

二、实验材料

生物体液或细胞培养基、PBS 缓冲液（8g NaCl、200mg KCl、1.44g Na_2HPO_4、240mg KH_2PO_4，蒸馏水定容至 1L，pH7.2～7.4）、滤器、密度梯度液（0.25mol/L 蔗糖溶液加入碘沙醇，配制成 1.215～1.256g/mL、1.141～1.186g/mL、1.119～1.125g/mL、1.086～1.103g/mL、1.076～1.079g/mL、1.041～1.068g/mL 碘沙醇浓度梯度，pH7.5）、超滤管、外泌体提取试剂盒、磷钨酸、蒸馏水、注射器、抗体磁珠、透射电镜、铜网、纳米颗粒跟踪分析仪、恒温箱。

三、实验步骤

（一）差速离心法提取外泌体

（1）收集的生物体液或细胞培养基经 300RCF 离心 10min，收集上清，弃沉淀，以去除样品中的活细胞。

（2）获得的上清经 4℃、2000RCF 离心 10min，收集上清，弃沉淀，以去除样品中死细胞。

（3）获得的上清经 4℃、10000RCF 离心 40min，收集上清，弃沉淀，以去除样品中细胞碎片和大囊泡。

（4）获得的上清经 4℃、100000～200000RCF 离心 90min，弃上清，收集外泌体沉淀。

（5）获得的外泌体沉淀经 PBS 缓冲液重悬，经 0.22μm 滤器过滤，在一定程度均匀化外泌体颗粒。

（6）过滤的外泌体重悬液经 4℃、100000～200000RCF 离心 90min，弃上清，收集沉淀。

（7）获得的沉淀用 100～200μL 经 0.22μm 滤器过滤的 PBS 缓冲液重悬，获得外泌体样品。

（8）若 3 天内进行后续实验，可将外泌体样品置于 4℃保存。若 3 天内无法进行后续实验，可将外泌体样品置于－80℃保存。

（二）密度梯度离心法提取外泌体

（1）将配好的密度梯度液按密度从大到小顺序，依次从下到上分层铺到离心管内，制成密度梯度柱，梯度柱共分为 6 层：第一层，1.215～1.256g/mL；第二层，1.141～1.186g/mL；第三层，1.119～1.125g/mL；第四层，1.086～1.103g/mL；第五层，1.076～1.079g/mL；第六层，1.041～1.068g/mL。

（2）通过差速离心法获得的外泌体样品用 1mL 经 0.22μm 滤器过滤的 PBS 缓冲液重悬。将外泌体重悬液轻轻铺在制备好的密度梯度柱上，经 4℃、100000RCF 离心 18h。外泌体主要分布在第二层。

（3）分离回收外泌体层，用 1mL PBS 缓冲液重悬，100000RCF 离心 2.5h，弃上

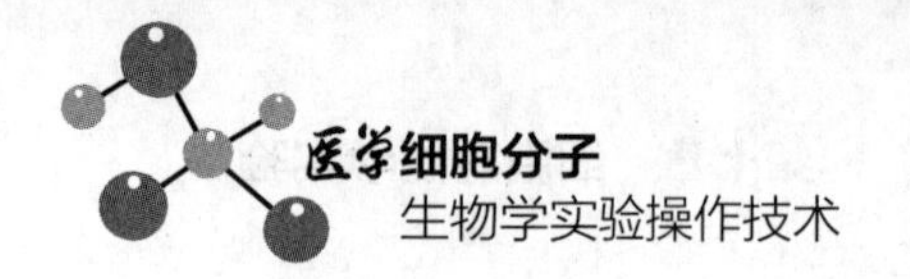

清，收集的沉淀即为纯化的外泌体。

（三）超滤离心法提取外泌体

（1）收集的生物体液或细胞培养基经300RCF离心10min，收集上清，弃沉淀，以去除样品中的活细胞。获得的上清经0.22μm滤器过滤，滤液用15mL的PBS缓冲液混匀，备用。

（2）使用超滤管处理混匀样品前，将10mL PBS缓冲液加入超滤管内管，4℃、4000RCF离心10min，弃过滤的PBS缓冲液。

（3）将15mL获得的混匀样品加入超滤管内管，4℃、4000RCF离心30min，弃过滤液。

（4）4℃、4000RCF离心，直到所有样品离心完毕。

（5）向超滤管内管加入10～14mL PBS缓冲液，轻轻吹打数次混匀。4℃、4000RCF离心30min，完成外泌体缓冲液置换。

（6）取超滤管内管中剩余PBS缓冲液，轻轻重悬收集内管膜上外泌体。

（四）试剂盒或商品化产品提取外泌体

（1）化学物沉淀法：将试剂盒中的沉淀试剂按照一定比例与收集的生物体液或细胞培养基进行混合，4℃恒温箱孵育2～16h，可得到外泌体沉淀。但外泌体纯度低、杂质多，不适合后期图像采集、蛋白质组学等实验。

（2）空间排阻色谱法：一种利用样品尺寸进行分离的色谱技术，比较常见的是尺寸排阻色谱法。填充物（固定相）中间存在固定孔隙，当样品流经这类固定相时，不同尺寸成分所经过的路径不同，最先被洗脱出来是颗粒较大的成分，粒径小的成分经过的路径长，需要更长的洗脱时间。外泌体的尺寸大小相对固定，会在特定的时间段被分离洗脱出来，从而被纯化收集。

（3）磁珠抗体捕获法：基于外泌体表面特异性标记物（CD63、CD9、CD81），可利用对应抗体包被的磁珠与其特异性结合，从而从相应生物样品中分离出来。该方法具有操作简便、特异性高等优点，但外泌体生物活性易受反应体系环境影响，结合效率较低。另外，由于抗体-抗原结合力较强，从磁珠上分离纯化得到的外泌体在一定程度上会对外泌体的形态和活性造成影响。

（五）透射电镜鉴定外泌体形态

（1）加入PBS缓冲液重悬外泌体样品，取1～2滴滴于载样铜网上，静置2min，利用铜网捕获外泌体。

（2）使用滤纸从边缘吸干PBS缓冲液，滴加3%磷钨酸溶液，室温负染5min，再使用滤纸吸走多余3%磷钨酸溶液。此操作使目标外泌体着色，使外泌体与背景区分，便于观察外泌体形态特征。

（3）室温晾干，透射电镜下进行形态观察。外泌体在透射电镜下呈直径30～200nm、边界明显的盘状或杯状结构。

（六）纳米颗粒跟踪分析仪鉴定外泌体大小

（1）将收集的外泌体样品用蒸馏水稀释到合适的浓度，首次可尝试稀释1000倍。

（2）用 1mL 注射器注入纳米颗粒跟踪分析仪，保证在单个视野范围内检测到的颗粒数控制在 50～200 个，若不在该范围，可根据实际情况重新稀释外泌体样品。

（3）观察检测颗粒运动状态，利用相应检测程序确定视野分布是否均匀。

（4）点击检测开始键，摄像头通过记录外泌体的布朗运动轨迹，即可获得外泌体主要尺寸大小及分布比例等信息。

四、注意事项

（1）气泡在纳米颗粒跟踪分析仪检测过程中也会被锁定成检测目标，从而影响最终的实验结果。因此，样品稀释过程中，动作尽量轻柔，避免产生过多气泡。

（2）收集的生物体液或细胞培养基，若暂时无法提取外泌体，可经 300RCF 离心 10min，以防止残余的细胞破裂污染外泌体。−80℃保存时间应控制在 6 个月内，其间尽量避免反复冻融。

（3）利用超滤离心法提取外泌体时样品浓度及黏稠度不宜过高。对于黏稠度较高的样品，可加入 PBS 缓冲液进行稀释后再进行实验。

（4）透射电镜对样品的制备和预处理要求较高，处理不佳会导致观察背景过重，无法分辨出目标外泌体。透射电镜形态观察不适合对外泌体进行大量且快速的检测，形态鉴定需要操作人员具备一定的经验。

（5）随着对外泌体的研究不断深入，越来越多的鉴定技术不断出现，研究人员需根据实验设计的需求选择合适的分离和鉴定技术。

（6）不同提取纯化方法存在不同的优缺点，最终的收集量、纯度也各不相同，应根据后续实验选择适宜的方法。

第八节　透射电镜观察细胞超微结构

一、实验介绍

透射电镜使用的是电子束和磁聚焦的电子透镜，具有很强的穿透性，研究者利用透射电镜能够观察到细胞的超微结构，可观察分析各细胞器形态变化及胞内物质等，从而分析细胞功能学变化。

二、实验材料

细胞、组织、PBS 缓冲液（8g NaCl、200mg KCl、1.44g Na_2HPO_4、240mg KH_2PO_4，蒸馏水定容至 1L，pH7.2～7.4）、戊二醛、锇酸、乙醇、丙酮、包埋液、恒温箱、超薄切片机、醋酸铀、柠檬酸铅、透射电镜。

三、实验步骤

（1）收集不同组别的细胞或组织。针对细胞而言，收集的细胞经 1000rpm 离心 5min，弃上清，收集沉淀。针对组织而言，收集的组织需达到黄豆粒大小。

（2）用 PBS 缓冲液配置 2.5%戊二醛固定液，收集的细胞或组织放入 2.5%戊二醛固定液，4℃固定 4h 或过夜。

（3）用 PBS 缓冲液洗涤 3 次，每次 15min。

（4）用 PBS 缓冲液配置 1%锇酸固定液，室温固定 2～3h。

（5）用 PBS 缓冲液洗涤 3 次，每次洗涤 15min。

（6）4℃环境下逐级脱水。50%乙醇浸泡 15～20 min，70%乙醇浸泡 15～20min，90%乙醇浸泡 15～20min，90%乙醇和 90%丙酮的 1∶1 混合液浸泡 15～20min，90%丙酮浸泡 15～20min。随后，室温下丙酮脱水 15～20min，连续脱水 3 次。

（7）将丙酮和包埋液按照 2∶1 的比例配置包埋液 1，将包埋样品浸泡在包埋液 1 中，室温孵育 3～4h。

（8）将丙酮和包埋液按照 1∶2 的比例配置包埋液 2，将包埋样品浸泡在包埋液 2 中，室温孵育过夜。

（9）将包埋样品浸泡在包埋液中，37℃恒温箱继续包埋 2～3h。

（10）将包埋样品转移至 37℃恒温箱，过夜。

（11）将包埋样品转移至 45℃恒温箱，烘烤 12h。

（12）将包埋样品转移至 60℃恒温箱，固化 48h。

（13）将固化样品在超薄切片机上进行切片，切片时切片厚度调整至 70nm。

（14）切片经醋酸铀滴注染色 30min，用 PBS 缓冲液洗涤 3 次，每次洗涤 15min。

（15）切片经柠檬酸铅滴注染色 30min。

（16）染色切片经自然干燥，之后进行透射电镜观察。

（17）在透射电镜下进行观察和图像采集。

四、注意事项

（1）透射电镜因存在高压电和电离辐射等潜在危险，所有操作人员需熟悉仪器设备。

（2）磁性样品可能会伤害透射电镜，所以勿用透射电镜观察磁性样品。

（3）开关机时需按照指定顺序操作。

第九节　苏木精－伊红染色

一、实验介绍

苏木精－伊红染色（Hematoxylin and eosin staining），又称 HE 染色，是组织学及病理学检查常用的染色方法之一，适用于组织病理分析。苏木精可染细胞核，使细胞核呈蓝紫色。而伊红能染细胞质，使细胞质呈红色。蓝紫色的细胞核和红色的细胞质形成鲜明对比，使细胞形态和细胞结构清晰呈现。冰冻切片和石蜡切片均适用于 HE 染色，冰冻切片的 HE 染色操作简便，染色快捷。石蜡切片的 HE 染色结果更为准确，本节主要对石蜡切片的 HE 染色操作进行介绍。相关流程图见图 7－2。

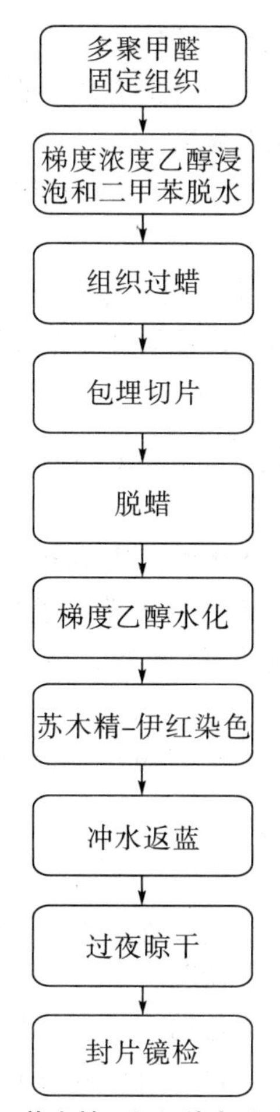

图 7－2　苏木精－伊红染色实验流程图

二、实验材料

组织、多聚甲醛、乙醇、二甲苯、蜡、切片机、水浴锅、载玻片、恒温箱、摇床、苏木精染料、伊红染料、中性树胶、盖玻片、显微镜。

三、实验步骤

（一）组织固定及脱水

（1）将组织修剪为长、宽、高约 5mm 的组织块，以便组织包埋和切片观察。

（2）组织块经 4%多聚甲醛室温固定 48h，之后冲自来水 24h。

（3）组织块进行梯度浓度乙醇（75%乙醇、85%乙醇和 95%乙醇）浸泡，每个浓度乙醇浸泡 1h。

（4）之后经 100%乙醇浸泡 3 次，每次浸泡 1h。随后经二甲苯浸泡 2 次，每次浸泡 1h，完成脱水。

（二）组织包埋及切片

（1）组织块分别经“一蜡”（蜡∶二甲苯=1∶1）浸泡 40min，“二蜡”（蜡∶二甲苯=3∶1）浸泡30min，“三蜡”（蜡比例100%）浸泡30min。

（2）过蜡的组织块进行包埋，选择合适方向，根据组织不同进行纵向或横向包埋，包埋后的组织块缓慢冷却，待蜡完全凝固。

（3）将组织块固定在切片机上，切片厚度设置为5μm，进行组织切片，弃去有裂纹的切片。

（4）将切片转移至37℃水浴锅中，至切片完全舒展。

（5）取载玻片，标记后进行漂片，使切片完全展开，黏附于载玻片上，制成切片。

（三）脱蜡及水化

（1）将切片转移至65℃恒温箱，烘片3h。待蜡完全融化后，将切片快速转移至二甲苯进行脱蜡。

（2）切片浸泡过2次二甲苯，每次经摇床60rpm振荡15～20min，完成脱蜡。

（3）脱蜡后的切片分别经摇床60rpm振荡，进行梯度浓度乙醇（100%乙醇、95%乙醇、85%乙醇、75%乙醇）浸泡。每个浓度乙醇下摇床50rpm振荡浸泡3～5min，至完成水化。

（4）水化后的切片缓慢冲入自来水15min，冲洗掉残留乙醇，其间勿使组织正对自来水冲洗。

（四）染色

（1）将苏木精染料滴在切片上，染色约40s。染色后的切片轻轻放入自来水中，轻轻洗涤数次，在镜下观察细胞核染色情况。

（2）将伊红染料滴在切片上，染色约10s，轻轻放入自来水中，轻轻洗涤数次，在镜下观察细胞质染色情况，细胞质颜色应与细胞核颜色形成鲜明对比。

（3）进行自来水冲水返蓝，冲水时间为15min至2h，直至充分返蓝。冲水时间越久，显色越蓝。冲水期间15min观察1次返蓝情况，冲水时间不够细胞核会呈紫色。

（4）取出染色后的切片，自然晾干过夜。

（5）在切片上滴加中性树胶，取盖玻片缓慢封片，勿产生气泡。

（6）封片后室温放置至完全晾干。

（7）显微镜下进行观察，同时拍照采集成像，观察分析组织形态和细胞变化等。

四、注意事项

（1）选择具有黏附力的预处理载玻片，以防操作过程中组织脱片。

（2）不同组织块脱水时间不同，上述步骤给出的脱水时间为常规时间，应根据实际情况进行调整。

（3）切片冲自来水时避免自来水直接冲洗组织，防止组织脱落。

（4）切片洗涤时，摇床转速尽量缓慢，防止洗涤时组织脱落。

（5）苏木精和伊红批量染色前，应摸索最佳染色时间。

（6）所有操作期间，应防止切片干燥，影响染色结果。

第十节　组织流式细胞术

一、实验介绍

通过与含不同荧光的抗体进行孵育，复杂样品中不同细胞可带上不同的荧光标记，通过流式细胞术检测每类细胞中所携带的荧光类别和荧光含量，对复杂样品中的细胞进行分类，同时对每种细胞群中所表达的不同蛋白质含量进行分析。

二、实验材料

细胞、细胞培养皿、PBS 缓冲液（8g NaCl、200mg KCl、1.44g Na_2HPO_4、240mg KH_2PO_4，蒸馏水定容至 1L，pH7.2～7.4）、胰蛋白酶、DMEM 或 RPMI－1640 完全培养基、流式管、组织、淋巴结、滤器、注射器、剪刀、消化液、全自动组织处理器、商品化红细胞裂解液、细胞计数仪或细胞计数板、抗体、7－AAD（7－Aminoactinomycin D）、离子霉素、佛波酯、布雷非德菌素 A、FVS620、多聚甲醛、恒温箱、Triton X－100、流式细胞仪。

三、实验步骤

（一）单细胞悬液制备

（1）若待检测样品为贴壁细胞，弃培养基，细胞培养皿中贴壁细胞经 PBS 缓冲液洗涤 2 次，之后加入 0.25%胰蛋白酶进行消化，用 DMEM 或 RPMI－1640 完全培养基进行中和，终止消化。将消化后细胞转移至流式管，1500rpm 离心 5min，弃上清，收集沉淀。获得的沉淀经 PBS 缓冲液重悬，制备单细胞悬液。

（2）若待检测样品为质地较软的组织或淋巴结，将 3mL PBS 缓冲液加入细胞培养皿中，浸润打湿 70μm 滤器，将组织或淋巴结置于滤器上，利用注射器栓塞按压组织或淋巴结以滤过 70μm 滤器。滤器经 PBS 缓冲液洗涤 3 次，以最大限度收集细胞，1500rpm 离心 5min，弃上清，收集沉淀。获得的沉淀经 PBS 缓冲液重悬，制备单细胞悬液。

（3）若待检测样品为质地较硬的组织，用剪刀将组织尽量剪碎，针对不同组织采用不同的消化液进行消化。消化后的组织用全自动组织处理器轻柔剪切 30s，以充分制备单细胞悬液，观察是否被切碎，可进行 2～3 次轻柔剪切。制备的单细胞悬液经 70μm 滤器过滤，反复洗涤 70μm 滤器，以最大限度收集细胞。单细胞悬液经 1500rpm 离心 5min，弃上清，收集沉淀。沉淀经 PBS 缓冲液重悬，制备单细胞悬液。

（4）若获得的单细胞悬液中含大量红细胞，则需加入商品化红细胞裂解液进行红细胞裂解。

（二）细胞膜蛋白质检测

（1）获得的单细胞悬液经 1500rpm 离心 5min，弃上清，收集沉淀。

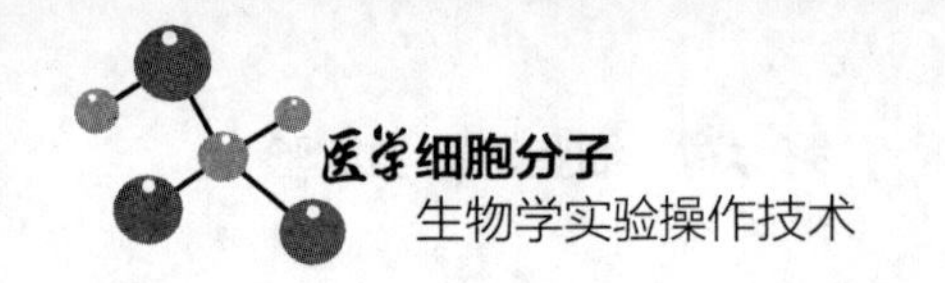

（2）获得的沉淀经 PBS 缓冲液重悬，经细胞计数仪或细胞计数板计数，以 100 微升/管分装至流式管中，保证每管细胞在（1~5）$\times10^5$个细胞。

（3）每管加入 1μL 不同荧光偶联的胞膜蛋白质流式抗体，室温避光孵育 15min。

（4）每管加入 2mL PBS 缓冲液，重悬细胞，1500rpm 离心 5min，弃上清，收集沉淀。

（5）每管加入 300μL PBS 缓冲液，重悬细胞。每管加入 2μL 7－AAD，用于排除死细胞干扰，染色 3~5min 后，上流式细胞仪检测。

（三）细胞膜和细胞质蛋白质同时检测

（1）获得的单细胞悬液用 2mL PBS 缓冲液重悬，1500rpm 离心 5min，弃上清，收集沉淀。

（2）针对含量较低的细胞因子，需配置刺激剂诱导细胞产生含量高于检测下限的细胞因子。如可加入离子霉素、佛波酯和布雷非德菌素 A。离子霉素作为一种钙离子载体，可特异性结合钙离子，使胞内钙离子含量增加。佛波酯作为二酯酰甘油模拟物，在高钙环境下可刺激激活蛋白质激酶 C，进而引起多种蛋白质激酶磷酸化，促进大量蛋白质表达。布雷非德菌素 A 可干扰蛋白质从内质网至高尔基体的转运，从而抑制分泌细胞因子等蛋白质的分泌。将 PBS 缓冲液配置的刺激剂（750ng/mL 离子霉素、50ng/mL 佛波酯、1mg/mL 布雷非德菌素 A）分装为 2 毫升/管，重悬沉淀。37℃、5% CO_2 细胞培养箱刺激 4h，其间不断振荡细胞，防止黏附成团，影响刺激效果。

（3）刺激后经 1500rpm 离心 5min，弃上清，收集沉淀。

（4）获得的沉淀经 2mL PBS 缓冲液重悬，1500rpm 离心 5min，弃上清，收集沉淀。

（5）获得的沉淀经 200μL PBS 缓冲液重悬，加入细胞死活鉴定染料 FVS620 用于排除死细胞干扰，室温染色 15min。

（6）加入 2mL PBS 缓冲液重悬，1500rpm 离心 5min，弃上清，收集沉淀。

（7）获得的沉淀经 PBS 缓冲液重悬，分装至不同流式管中，100 微升/管，保证每管细胞在 1×10^6个细胞左右。

（8）每管加入 1μL 不同荧光偶联的胞膜蛋白质流式抗体，室温避光孵育 15min。

（9）每管加入 2mL PBS 缓冲液重悬，1500rpm 离心 5min，弃上清，收集沉淀。

（10）获得的沉淀经 2%多聚甲醛重悬，2 毫升/管，4℃恒温箱固定 10min。

（11）固定后经 1500rpm 离心 5min，弃上清，收集沉淀。

（12）获得的沉淀经 2 毫升/管 PBS 缓冲液重悬，1500rpm 离心 5min，弃上清，收集沉淀。

（13）获得的沉淀经 0.1% Triton－X 100 重悬，2 毫升/管，室温避光打孔 15min。

（14）每管加入 2mL PBS 缓冲液重悬，1500rpm 离心 5min，弃上清，收集沉淀。

（15）获得的沉淀经 100~200 微升/管 PBS 缓冲液重悬，每管加入 1μL 不同荧光偶联的胞质蛋白质流式抗体，室温避光孵育 30min。

（16）每管加入 2mL PBS 缓冲液重悬，1500rpm 离心 5min，弃上清，收集沉淀。

（17）获得的沉淀用 300 微升/管 PBS 缓冲液重悬，流式细胞仪上机检测。

四、注意事项

（1）实验应加入阴性对照组和阳性对照组。

（2）根据所检测目的蛋白质的不同选择不同荧光偶联的抗体，注意选用流式细胞仪可检测的荧光。在每管细胞中，不能加入多个偶联有同样荧光或同样流式检测通道荧光的不同抗体。

（3）实验前应调节好电压，采用单染调节荧光补偿，使不同细胞群分离，并避免出现串光现象。

（4）细胞固定时间不宜过长，抗体孵育温度不宜太高，否则会影响荧光抗体结合，影响检测效果。

（5）细胞碎片的 FSC－H 值和 FSC－A 值均较低。若需要判断是否是细胞碎片，可以把认为的细胞碎片圈起，调节电压，若位置随着电压变化不发生改变，则为细胞碎片。

（6）FSC－H 值和 FSC－A 值分别为纵、横坐标，细胞群一般均在对角线上。若 FSC－H 或 FSC－A 值偏大，细胞明显脱离细胞主群，则说明细胞可能发生粘连。

（7）实验数据分析时可利用同型对照排除背景荧光。

第十一节　小鼠肝癌微环境细胞功能学检测

一、实验介绍

在小鼠肝脏原位接种荧光素酶基因标记或荧光报告基团标记的肝癌细胞，构建小鼠肝癌原位移植瘤，能够很好地模拟肝癌的发生和发展。该技术已广泛应用于肝癌相关的基础类研究中，通过统计原位癌细胞信号强度和肿瘤结节数目，可分析药物等对肝癌细胞生长和肝内转移的影响。通过收集整个肝组织进行流式细胞术检测或细胞分选可对肝癌细胞功能学进行探究。

二、实验材料

4～6 周体重相近的 C57BL/6 雄性小鼠（简称小鼠）、麻醉机、异氟烷、剃毛刀、酒精棉片、胶带、显微剪、显微镊、双极电凝、开胸器、棉签、注射器、肝癌细胞、显微持针钳、缝合针、D－荧光素、消化液（含 2.5mg/mL 胶原酶 D 和 10U/mL 脱氧核糖核酸酶的 Hank's 平衡盐溶液）。

三、实验步骤

（1）打开麻醉机，调节麻醉剂量，用异氟烷麻醉小鼠 5min。

（2）麻醉后的小鼠用剃毛刀剃掉腹毛，剃毛面积适中。使用酒精棉片擦拭腹部，清除残留毛发。

（3）将小鼠四肢用胶带固定在加热的解剖台上，暴露小鼠整个胸部和腹部。

（4）用显微剪和显微镊沿腹部正中纵向打开小鼠腹部（剪开小鼠腹部时尽量不要扎破血管，如果扎破可以用双极电凝止血），使用小鼠开胸器固定胸部。

（5）用棉签擦掉肝脏表面的液体，使用一次性使用胰岛素注射器带针吸取约 20μL 含（1～2）$\times 10^6$ 个荧光素酶基因标记或荧光报告基团标记的肝癌细胞悬液，注入小鼠肝脏。

（6）注入完毕后用一支棉签按住伤口，同时用另外一支棉签去除腹部表面的血液，持显微持针钳夹住缝合针进行腹部缝合，逐层缝合腹腔肌肉和皮肤，关闭腹腔，撤除麻醉剂，待小鼠苏醒后继续饲养。

（7）实验结束后，对实验器械进行清洗和消毒。

（8）4～6 周后，进行活体成像，观察肝癌细胞生长状况。若注射的肝癌细胞为荧光素酶基因标记，小鼠需进行 150mg/kg D−荧光素腹腔注射，之后才能进行活体成像。

（9）取小鼠肝组织，进行光学成像。

（10）将肝组织进行病理组织切片染色，确定肿瘤结节数目，分析药物等在体内对肝癌细胞生长和肝内转移的影响。

（11）收集肝组织，流式细胞术检测肝非实质细胞（如肝星状细胞、肝内皮细胞、肝免疫细胞等）的增殖分化能力，分析各类细胞在肝癌细胞影响下的功能变化。

（12）对肝组织进行灌注，经消化液消化后，分选肝实质细胞和非实质细胞，进行体外培养，观察分析各类细胞在肝癌中的功能变化。

四、注意事项

（1）注入肝癌细胞悬液时针尖插入不宜过深或过浅，否则将影响接种效果。

（2）选择适龄小鼠，超过 7 周的小鼠可能影响接种效果，且均一性较差。

（3）若接种的细胞为小鼠肝癌细胞，接种小鼠可选用 C57BL/6 小鼠。若接种的细胞为人肝癌细胞，接种小鼠可选用裸鼠。

第十二节　小鼠结直肠炎或结直肠癌微环境细胞功能学检测

一、实验介绍

偶氮甲烷（Azoxymethane，AOM）是一种甲基化剂，能够诱导细胞中碱基错配，诱导组织中肿瘤的发生。葡聚糖硫酸钠（Dextran sulfate sodium salt，DSS）是葡聚糖的聚离子衍生物，小鼠口服 DSS，能够诱导慢性结直肠炎的发生。在小鼠模型上进行 AOM/DSS 联合给药，能够模拟人肠部由炎症向癌症转化的过程，AOM/DSS 诱导的慢性结直肠炎或结直肠癌模型，能够用于分析药物等对结直肠细胞炎症和癌症转化过程中的作用，并可对结直肠炎或结直肠癌组织中各类细胞功能学进行探究。

二、实验材料

8～10周龄体重相近的C57BL/6雄性小鼠（简称小鼠）、商品化生理盐水、AOM、DSS、灭菌蒸馏水、中性蛋白酶。

三、实验步骤

（1）取小鼠，用商品化生理盐水溶解AOM，按照10mg/kg的剂量腹腔注射AOM，注射剂量勿超过200微升/只。

（2）在AOM腹腔注射5天后，用灭菌蒸馏水配置2%的DSS溶液，给小鼠饮用。

（3）小鼠持续饮用2%的DSS溶液7天后，将2%的DSS溶液置换成灭菌蒸馏水，继续饮用14天。

（4）循环往复，交互饮用2%的DSS和灭菌蒸馏水，共三个循环。

（5）实验期间观察小鼠状态和小鼠死亡情况。在AOM腹腔注射后第70天，采用颈椎脱臼法处死小鼠，取小鼠结直肠进行拍照，记录结直肠重量及每只小鼠结直肠中肿瘤个数。

（6）取结直肠炎和结直肠癌阶段的组织进行组织病理学检测，如HE染色，KI67、PCNA等免疫组织化学染色等，分析结直肠恶化程度和肿瘤生长情况等。

（7）取结直肠炎和结直肠癌阶段的组织，进行流式细胞术检测，分析组织中癌细胞、树突状细胞、巨噬细胞、自然杀伤细胞、T细胞（$CD3^+$ T细胞、$CD4^+$ T细胞、$CD8^+$ T细胞等）、B细胞等的增殖、分化、耗竭能力，分析各类细胞在结直肠炎或结直肠癌中的功能变化。

（8）取结直肠炎和结直肠癌阶段的组织，经2.4U/mL中性蛋白酶消化，分选组织中各类细胞，进行体外培养，观察分析各类细胞在结直肠炎或结直肠癌中的功能变化。

四、注意事项

（1）腹腔注射需规范操作，应避免误伤小鼠肠部。

（2）由于实验周期较长，其间注意观察小鼠状态，规范记录荷瘤小鼠死亡时间和个数。

（3）2%的DSS溶液现用现配，以防放置时间过久失效。

第十三节 小鼠皮肤癌微环境细胞功能学检测

一、实验介绍

紫外线照射是皮肤癌患者常见的诱发因素。对小鼠而言，由于小鼠毛发能够保护小鼠皮肤免受紫外线照射，如需利用紫外线诱导小鼠皮肤癌，只能使用无毛发的小鼠，或需要对有毛发的小鼠进行不断脱毛。基于以上局限性，目前国际上通常采用致癌剂7，12－二甲基苯并［α］蒽（DMBA）和12－O－十四烷酰佛波醇－13－醋酸盐（TPA）对小鼠进行化学诱导，构建皮肤癌模型，用于探究皮肤癌中癌细胞恶性转化功能和皮肤癌中各类细胞功能变化。

二、实验材料

6~8周龄体重相近的C57BL/6雄性小鼠（简称小鼠）、剃毛刀、酒精棉片、丙酮、DMBA、手套、TPA、游标卡尺、水合氯醛。

三、实验步骤

(1) 取小鼠，用剃毛刀进行背部剃毛，酒精棉片擦拭背部，去除多余毛发。

(2) 2天后，取200μL 250μg/mL的DMBA滴于小鼠背部，用洁净手套将其均匀地涂于小鼠背部。

(3) 小鼠继续饲养7天，取200μL 25μg/mL的TPA滴于小鼠背部，用洁净手套将其均匀地涂于小鼠背部。

(4) 之后以每周2次的频率涂抹25μg/mL的TPA，每只小鼠200μL，持续涂抹约35周。

(5) 其间定期观察背部肿瘤生长情况，记录每只小鼠背部的肿瘤数，并用游标卡尺测量每只小鼠背部每个肿瘤大小。

(6) 腹腔注射10%水合氯醛将小鼠麻醉，对小鼠背部进行拍照，采集各组小鼠背部图片。

(7) 采用颈椎脱臼法处死小鼠，取背部皮肤和肿瘤，分析肿瘤细胞生长能力和转移侵袭能力。

(8) 收集皮肤癌组织，进行流式细胞术检测，分析组织中癌细胞、角质形成细胞、朗格汉斯细胞、中性粒细胞、树突状细胞、巨噬细胞、自然杀伤细胞、T细胞（$CD3^+$ T细胞、$CD4^+$ T细胞、$CD8^+$ T细胞等）、B细胞等的增殖、分化、耗竭能力，分析各类细胞在皮肤癌中的功能变化。

(9) 收集皮肤癌组织，经0.25%胰蛋白酶或2.4U/mL中性蛋白酶消化，分选各类细胞，进行体外培养，观察分析各类细胞在皮肤癌中的功能变化。

四、注意事项

(1) 背部有黑斑的小鼠，不适于建模。

(2) 涂抹药物时应尽量涂抹均匀，待药物完全吸收后，将小鼠放回饲养笼。

(3) 涂抹药物时应尽量轻柔，固定小鼠，防止小鼠反咬。

第十四节　小鼠银屑病皮损微环境细胞功能学检测

一、实验介绍

咪喹莫特（Imiquimod，IMQ）是Toll样受体（Toll-like receptor，TLR）7/8的

激动剂，可通过激活 IL－23/IL－17 炎症反应轴，使皮肤中角化细胞、DC 细胞等免疫细胞异常激活，趋化因子、抗菌肽等炎性细胞因子分泌异常，导致角质形成细胞异常增殖、炎症细胞浸润增加和血管扩张等，呈现角化过度或不全、棘层增厚、真皮炎性细胞浸润等银屑病病理特征。咪喹莫特诱导的小鼠银屑病模型已被广泛应用于银屑病皮损中各类细胞功能变化的研究。

二、实验材料

8～12 周龄体重相近的 BALB/c 或 C57BL/6 雌性小鼠（简称小鼠）、剃毛刀、酒精棉片、手套、咪喹莫特、水合氯醛、胰蛋白酶或中性蛋白酶。

三、实验步骤

（1）取小鼠，随机分组，设置正常组和实验组，用剃毛刀进行背部剃毛，酒精棉片擦拭背部，去除多余毛发。

（2）用洁净手套将咪喹莫特均匀地涂于小鼠背部，每只小鼠涂抹 55mg，连续涂抹 5～7 天。

（3）涂药期间，每天根据小鼠背部发病情况，将每只小鼠进行银屑病皮损面积和疾病严重程度（The psoriasis area and severity index，PASI）评分。评分细则如下：给予小鼠银屑病皮损处红肿、刮鳞及增厚程度 0～4 的积分，将三者积分相加得到总积分（0～12 分）。每项指征评分标准如下：0 分为正常，1 分为轻度，2 分为中度，3 分为重度，4 分为非常严重 。

（4）腹腔注射 10％水合氯醛将小鼠麻醉，对小鼠背部进行拍照，采集各组小鼠背部图片。

（5）采用颈椎脱臼法处死小鼠，取背部皮肤进行 HE 染色，分析皮损严重程度或炎症浸润情况等。

（6）收集银屑病皮损组织，进行流式细胞术检测，分析组织中角质形成细胞、朗格汉斯细胞、中性粒细胞、树突状细胞、巨噬细胞、自然杀伤细胞、T 细胞（Th1 细胞、Th2 细胞、Th17 细胞，αβT 细胞、γδT 细胞等）、B 细胞等的增殖、分化、耗竭能力，分析各类细胞在银屑病皮损中的功能变化。

（7）收集银屑病皮损组织，经 0.25％胰蛋白酶或 2.4U/mL 中性蛋白酶消化，分选各类细胞，进行体外培养，观察分析各类细胞在银屑病皮损组织中的功能变化。

四、注意事项

（1）背部有黑斑的小鼠，不适于建模。

（2）涂抹药物时应尽量涂抹均匀，使药物完全吸收。

（3）55mg 咪喹莫特适用于涂抹小鼠整个背部。

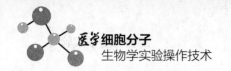

第十五节　小鼠肝脏损伤微环境细胞功能学检测

一、实验介绍

肝脏缺血再灌注损伤是肝移植等肝脏手术的常见并发症。血流中断引起肝细胞直接发生细胞损伤，肝脏组织重新获得血液供应后，可再次加重肝脏的功能代谢障碍及结构破坏。肝脏缺血再灌注损伤的存在不利于器官功能恢复，除了影响患者术后早期预后，导致的缺血损伤环境还有助于肿瘤的转移。建立70%小鼠肝脏缺血再灌注模型，可较好地模拟了临床上肝脏缺血和再灌注导致的肝脏损伤，适用于肝脏损伤相关各类细胞的功能变化研究。

二、实验材料

6~8周体重相近的C57BL/6雄性小鼠（简称小鼠）、麻醉机、异氟烷、剃毛刀、酒精棉片、胶带、显微剪、显微镊、开胸器、棉签、商品化生理盐水、显微止血夹、滤纸、显微持针钳、缝合针、恒温箱、消化液（含2.5mg/mL胶原酶D和10U/mL脱氧核糖核酸酶的Hank's平衡盐溶液）。

三、实验步骤

（1）打开麻醉机，调节麻醉剂量，用异氟烷麻醉小鼠5min。

（2）麻醉后的小鼠用剃毛刀剃掉腹毛，使用酒精棉片擦拭腹部，清除残留毛发。

（3）将小鼠四肢用胶带固定在加热的解剖台上，暴露小鼠整个胸部和腹部。

（4）用显微剪和显微镊沿腹部正中纵向打开小鼠腹部，使用小鼠开胸器固定胸部。

（5）将棉签用商品化生理盐水打湿，辅助调整肝脏位置，用显微剪剪掉肝脏四周的韧带，小心分离出肝脏的左叶和中叶。

（6）使用棉签擦掉肝脏周边多余液体，用商品化生理盐水打湿的棉签掀起肝脏，暴露门静脉（门静脉位于肝叶下方）。使用显微止血夹夹住肝脏中叶和左叶的门静脉和肝动脉，使70%的肝脏发生缺血。约30s后，与肝脏右叶相比，缺血成功的中叶和左叶颜色逐渐变白。

（7）将滤纸打湿，覆盖开腹的小鼠腹部以防止腹部干燥，缺血一般持续60~90min。

（8）轻轻松开显微止血夹，恢复肝脏血流，约30s后可见肝脏颜色逐渐从原来的白色恢复为正常的鲜红色。

（9）持显微持针钳夹住缝合针进行小鼠腹部缝合，逐层缝合腹腔肌肉和皮肤，关闭腹腔。

（10）撤除麻醉剂，待小鼠苏醒后继续饲养。

（11）实验结束后，实验器械进行清洗和消毒。

（12）继续饲养小鼠0h、1h、3h、6h、12h、24h和72h。利用异氟烷麻醉小鼠，摘眼球取血。取肝左叶或中叶做病理切片，分析肝脏缺血情况。

（13）小鼠血液置于37℃恒温箱静置1h、室温下静置2h或4℃恒温箱静置过夜缓慢凝血。

（14）凝血后经4℃、4000rpm离心15min，取上清。

（15）获得的上清经13000rpm离心5min，取上清，充分去除血细胞或杂质。

（16）获得的上清进行谷丙转氨酶和天门冬氨酸氨基转移酶等肝功指标测定。将肝组织进行病理组织切片染色，确定肝细胞损伤情况。

（17）收集肝组织，将肝组织进行病理组织切片染色，确定肝细胞损伤情况。另外，将肝组织进行流式细胞术，以检测肝非实质细胞（如肝星状细胞、肝内皮细胞、肝免疫细胞等）增殖分化能力，分析各类细胞在肝损伤中的功能变化。

（18）对肝组织进行灌注，经消化液消化后，分选肝实质细胞和非实质细胞，进行体外培养，观察分析各类细胞在肝脏损伤中的功能变化。

四、注意事项

（1）分离肝脏的左叶和中叶时用棉签分离，避免对肝脏造成损伤。

（2）取显微止血夹时，不要损伤肝脏。

（3）术前小鼠禁食12h，将有利于手术进行。

（4）阻断血流需1次成功，以防出现反复缺血，减轻损伤程度。

（5）操作需在加热的解剖台上进行，用于维持小鼠体温。

（6）操作需在麻醉下进行，防止小鼠苏醒。

第十六节　小鼠肝脏再生微环境细胞功能学检测

一、实验介绍

肝脏发生切除或损伤后，机体能够感知肝脏变化，促进残肝细胞快速生长，以补偿丢失或损伤的肝脏，恢复肝脏生理功能。在基础医学实验研究中，为了探究肝脏再生微环境细胞功能学变化，常采用两种模型进行研究，分别是70%肝切后再生和联合肝脏离断和门静脉结扎的二步肝切除术（Associating liver partition and portal vein ligation for staged hepatectomy，ALPPS）。

当小鼠进行70%的肝脏切除，即小鼠肝脏的中叶和左叶切除，残留的肝脏右叶会发生再生。为了减小“小肝综合征”的发生风险和扩大肝脏切除的范围，ALPPS被提出并被证实能够引起肝脏快速和广泛的肥大，效果优于门静脉栓塞术和门静脉结扎术，可以在更短的时间内快速增加残肝体积，以满足下次手术切除的需求。

目前，肝再生机制尚未完全阐述清楚，探明不同条件下小鼠肝脏再生微环境细胞功能学变化，将有助于解决残肝体积不足、肝再生速度缓慢等临床问题。

二、实验材料

8～12周体重相近的C57BL/6雄性小鼠（简称小鼠）、麻醉机、异氟烷、剃毛刀、酒精棉片、胶带、显微剪、显微镊、开胸器、注射器针头、商品化生理盐水、棉签、尼龙线、显微持针钳、缝合线、缝合针、双极电刀、保温垫、消化液（含2.5mg/mL胶原酶D和10U/mL脱氧核糖核酸酶的Hank's平衡盐溶液）、双极电凝。

三、实验步骤

（一）暴露操作视野

（1）打开麻醉机，调节麻醉剂量，用异氟烷麻醉小鼠2～3min。

（2）麻醉后的小鼠用剃毛刀剃掉腹毛，使用酒精棉片擦拭腹部，清除残留毛发。

（3）将小鼠四肢用胶带固定在加热的解剖台上，暴露小鼠整个胸部和腹部。

（4）沿腹部正中线纵向开腹，用显微剪和显微镊依次剪开皮肤、肌肉、腹膜，注意不要误伤肝脏、肠管，并向上延伸至胸骨角上3～4mm，注意避开胸骨角两侧的胸廓内动脉。

（5）使用小鼠开胸器撑开切口，用注射器针头置于小鼠后背，垫起腹部，充分暴露操作视野。

（二）70%肝脏切除后再生

（1）将棉签用商品化生理盐水打湿，辅助调整肝脏位置，用显微剪剪掉肝脏四周的韧带，小心分离出肝脏的左叶和中叶。

（2）使用棉签擦掉肝脏周边多余液体，用商品化生理盐水打湿的棉签掀起肝脏，暴露肝脏左叶和中叶，使用尼龙线在肝脏左叶和中叶肝蒂基部结扎，牢固结扎3次，结扎后的肝脏颜色明显变深。

（3）结扎完成后，远离打结处轻轻剪掉肝脏左叶和中叶。

（4）剪完肝脏左叶和中叶后，用棉签去除腹部表面的血液，持显微持针钳夹住缝合针进行小鼠腹部缝合，逐层缝合腹腔肌肉和皮肤，关闭腹腔。

（5）撤除麻醉剂，待小鼠苏醒后继续饲养。

（6）实验结束后，实验器械进行清洗和消毒。

（7）继续饲养小鼠，分别在术后0h、2h、4h、8h、12h、24h、48h、168h处死小鼠，称量小鼠体重，并取残留肝脏称重，计算残肝重与体重百分比。

（三）ALPPS术后再生

（1）剪开镰状韧带，用商品化生理盐水打湿的棉签将肝脏的脏面翻起，暴露第一肝门。

（2）分别于靠近门脉分支处缝扎门静脉的右肝分支、左外叶分支、右中肝分支，注意缝扎深度、位置。

（3）缝扎后，观测相应肝叶的颜色变化（由红润变为稍苍白），中肝处应出现较明显缺血线。

（4）用双极电刀沿缺血线横断80%～90%中肝（根据肝脏厚度调整电凝功率）。

（5）检查有无出血，并用棉签蘸除多余液体后逐层关腹。

（6）持显微持针钳夹住缝合针进行小鼠腹部缝合，逐层缝合腹腔肌肉和皮肤，关闭腹腔。

（7）实验结束后，撤除麻醉剂，将小鼠置于保温垫上复苏。

（8）待小鼠苏醒后，继续饲养小鼠。分别在术后0h、2h、4h、8h、12h、24h、48h、168h处死小鼠，称量小鼠体重，并取残留肝脏称重，计算残肝重与体重百分比。

（四）细胞功能学检测

（1）收集肝组织，经4%多聚甲醛固定后进行组织包埋切片，经免疫组化染色或蛋白质印迹法检测增殖抗原PH3、KI－67、PCNA等含量变化，分析肝细胞增殖能力变化。

（2）肝组织经免疫组织化学染色检测CD11B或CD68、CLEC4F、CD11C、CD3、CD4、CD8、CD19、NK1.1等，分析巨噬细胞、Kuppfer细胞、树突状细胞、T细胞、B细胞、NK细胞浸润或增殖能力变化。

（3）收集肝组织进行流式细胞术检测肝非实质细胞（如肝星状细胞、肝内皮细胞、肝免疫细胞等）增殖分化能力，分析各类细胞在肝再生中的功能变化。

（4）对肝组织进行灌注，经消化液消化后，分选肝实质细胞和非实质细胞，进行体外培养，观察分析各类细胞在肝再生中的功能变化。

四、注意事项

（1）捉小鼠时，带好防护手套，取小鼠的尾部远端，防止被咬伤，抓取小鼠不要过于粗暴，以免小鼠发生窒息。

（2）麻醉小鼠的时间应充足，防止小鼠中途苏醒。

（3）固定小鼠时，将小鼠四肢伸展固定牢固。

（4）分离肝脏左叶和中叶时用棉签分离，避免对肝脏造成损伤。

（5）操作需在加热的解剖台上进行，用于维持小鼠体温。

（6）结扎门静脉分支注意不要过深或者过浅，结扎过深会引起小鼠出血，造成小鼠死亡；结扎过浅会影响实验效果。

（7）建模过程中一旦大量出血，应及时停止实验，给予小鼠安乐死。

（8）缝合小鼠时，注意用针安全，缝针尽量密和实，防止出现疝气。

参考文献

常恒祯，常江，战俊澎，等．包涵体重组蛋白不同纯化方法的比较［J］．中国生物制品学杂志，2021，34（7）：862－867.

桓明辉，关艳丽，陈飞．大肠埃希菌DH5α感受态细胞转化率变化的研究［J］．微生物学杂志，2013，33（1）：63－65.

李洁，刘斌，李焰，等．不同条件下细胞冻存效果比较［J］．临床口腔医学杂志，2004，20（2）：84－85.

林升阳，吴海珍，叶江，等．大肠杆菌可诱导启动子表达系统的构建［J］．上海师范大学学报（自然科学版），2006，35（2）：75－79.

刘雷．EdU在检测细胞增殖中的应用［J］．医学综述，2010，16（19）：2901－2904.

刘丽，季辉，彭麟，等．鸡肝原代细胞药物代谢模型的建立与优化［J］．南京农业大学学报，2015，38（1）：127－133.

宋文．多氯联苯全细胞生物传感器的研究以及几丁质酶在毕赤酵母GS115的高效表达［D］．武汉：湖北大学，2021.

王健，赵嘉庆，王娅娜，等．重组质粒Eg. EF－1/pGEX－6P－1的构建及原核诱导表达［J］．药物生物技术，2006，13（2）：79－82.

徐洪涛，杨慧，常立文，等．Lipofectamine2000和jetPRIMETM对A549细胞转染效率及毒性的比较研究［J］．华南国防医学杂志，2012，26（3）：205－207.

朱泰承，李寅．毕赤酵母表达系统发展概况及趋势［J］．生物工程学报，2015，31（6）：929－938.

AASEN T，IZPISUA BELMONTE JC. Isolation and cultivation of human keratinocytes from skin or plucked hair for the generation of induced pluripotent stem cells［J］．Nat Protoc，2010，5（2）：371－382.

ACEVEDO JM，HOERMANN B，SCHLIMBACH T，et al. Changes in global translation elongation or initiation rates shape the proteome via the Kozak sequence［J］．Sci Rep，2018，8（1）：4018.

ALHAJJ M，FARHANA A. Enzyme linked immunosorbent assay［M］．Treasure Island（FL）：StatPearls Publishing，2022.

ANDREU Z，YÁÑEZ－MÓ M. Tetraspanins in extracellular vesicle formation and function［J］．Front Immunol，2014，5：442.

BECK B, DRIESSENS G, GOOSSENS S, et al. A vascular niche and a VEGF−Nrp1 loop regulate the initiation and stemness of skin tumours [J]. Nature, 2011, 478 (7369): 399−403.

BJÖRCK L, KRONVALL G. Purification and some properties of streptococcal protein G, a novel IgG−binding reagent [J]. J Immunol, 1984, 133 (2): 969−974.

BURKOVA EE, SEDYKH SE, NEVINSKY GA. Human placenta exosomes: biogenesis, isolation, composition, and prospects for use in diagnostics [J]. Int J Mol Sci, 2021, 22 (4): 2158.

CLINE J, BRAMAN JC, HOGREFE HH. PCR fidelity of pfu DNA polymerase and other thermostable DNA polymerases [J]. Nucleic Acids Res, 1996, 24 (18): 3546−3551.

COHEN K, MOUHADEB O, BEN SHLOMO S, et al. COMMD10 is critical for Kupffer cell survival and controls Ly6C (hi) monocyte differentiation and inflammation in the injured liver [J]. Cell Rep, 2021, 37 (7): 110026.

CROWLEY LC, MARFELL BJ, SCOTT AP, et al. Quantitation of apoptosis and necrosis by Annexin V binding, propidium iodide uptake, and flow cytometry [J]. Cold Spring Harb Protoc, 2016, 2016 (11): 953−957.

DAHL JA, COLLAS P. A rapid micro chromatin immunoprecipitation assay (microChIP) [J]. Nat Protoc, 2008, 3 (6): 1032−1045.

DE ROBERTIS M, MASSI E, POETA ML, et al. The AOM/DSS murine model for the study of colon carcinogenesis: from pathways to diagnosis and therapy studies [J]. J Carcinog, 2011, 10: 9.

DI MEGLIO P, DUARTE JH, AHLFORS H, et al. Activation of the aryl hydrocarbon receptor dampens the severity of inflammatory skin conditions [J]. Immunity, 2014, 40 (6): 989−1001.

DILI A, BERTRAND C, LEBRUN V, et al. Hypoxia protects the liver from small for size syndrome: a lesson learned from the associated liver partition and portal vein ligation for staged hepatectomy (ALPPS) procedure in rats [J]. Am J Transplant, 2019, 19 (11): 2979−2990.

DONALDSON JG. Immunofluorescence staining [J]. Curr Protoc Cell Biol, 2001, Chapter 4: Unit−4. 3.

DONALDSON JG. Immunofluorescence staining [J]. Curr Protoc Cell Biol, 2015, 69: 431−437.

DONG J, KE MY, WU XN, et al. SRY is a key mediator of sexual dimorphism in hepatic ischemia/reperfusion injury [J]. Ann Surg, 2020, 276 (2): 345−356.

DU J, LAN T, LIAO H, et al. CircNFIB inhibits tumor growth and metastasis through suppressing MEK1/ERK signaling in intrahepatic cholangiocarcinoma [J]. Mol Cancer, 2022, 21 (1): 18.

DUONG－LY KC，GABELLI SB. Salting out of proteins using ammonium sulfate precipitation [J]. Methods Enzymol，2014，541：85－94.

DUONG－LY KC，GABELLI SB. Using ion exchange chromatography to purify a recombinantly expressed protein [J]. Methods Enzymol，2014，541：95－103.

ERIKSSON H，SANDAHL K，FORSLUND G，et al. Knowledge－based planning for protein purification [J]. Chemometr Intell Lab，1991，13 (2)：173－184.

FEKETE S，VEUTHEY JL，BECK A，et al. Hydrophobic interaction chromatography for the characterization of monoclonal antibodies and related products [J]. J Pharm Biomed Anal，2016，130：3－18.

FISCHER AH，JACOBSON KA，ROSE J，et al. Hematoxylin and eosin staining of tissue and cell sections [J]. CSH Protoc，2008.

FRANCISCO － CRUZ A，PARRA ER，TETZLAFF MT，et al. Multiplex immunofluorescence assays [J]. Methods Mol Biol，2020，2055：467－495.

GARCÍA－FRUITÓS E. Inclusion bodies：a new concept [J]. Microb Cell Fact，2010，9：80.

GRAUBARDT N，VUGMAN M，MOUHADEB O，et al. Ly6C^{hi} monocytes and their macrophage descendants regulate neutrophil function and clearance in acetaminophen－induced liver injury [J]. Front Immunol，2017，8：626.

HOLLIDAY H，KHOURY A，SWARBRICK A. Chromatin immunoprecipitation of transcription factors and histone modifications in Comma－Dβ mammary epithelial cells [J]. STAR Protoc，2021，2 (2)：100514.

HSU C，MOROHASHI Y，YOSHIMURA S，et al. Regulation of exosome secretion by Rab35 and its GTPase－activating proteins TBC1D10A－C [J]. J Cell Biol，2010，189 (2)：223－232.

HU X，VILLODRE ES，WOODWARD WA，et al. Modeling brain metastasis via tail－vein injection of inflammatory breast cancer cells [J]. J Vis Exp，2021，(168).

HU Z，HAN Y，LIU Y，et al. CREBZF as a key regulator of STAT3 pathway in the control of liver regeneration in mice [J]. Hepatology，2020，71 (4)：1421－1436.

HUANG TY，CHI LM，CHIEN KY. Size－exclusion chromatography using reverse－phase columns for protein separation [J]. J Chromatogr A，2018，1571：201－212.

IM K，MARENINOV S，DIAZ MFP，et al. An introduction to performing immunofluorescence staining [J]. Methods Mol Biol，2019，1897：299－311.

KAGE D，HEINRICH K，VOLKMANN KV，et al. Multi－angle pulse shape detection of scattered light in flow cytometry for label－free cell cycle classification [J]. Commun Biol，2021，4 (1)：1144.

KAISER F，MORAWSKI M，KROHN K，et al. Adhesion GPCR GPR56 expression profiling in human tissues [J]. Cells，2021，10 (12)：3557.

KALLURI R，LEBLEU VS. The biology，function，and biomedical applications of exosomes [J]. Science, 2020, 367 (6478): eaau6977.

KANEMOTO S, NITANI R, MURAKAMI T, et al. Multivesicular body formation enhancement and exosome release during endoplasmic reticulum stress [J]. Biochem Biophys Res Commun, 2016, 480 (2): 166-172.

KARIKARI TK, TURNER A, STASS R, et al. Expression and purification of tau protein and its frontotemporal dementia variants using a cleavable histidine tag [J]. Protein Expr Purif, 2017, 130: 44-54.

KASKOVA ZM, TSARKOVA AS, YAMPOLSKY IV. 1001 lights: luciferins, luciferases, their mechanisms of action and applications in chemical analysis, biology and medicine [J]. Chem Soc Rev, 2016, 45 (21): 6048-6077.

KERR BA, HARRIS KS, SHI L, et al. Platelet TSP-1 controls prostate cancer-induced osteoclast differentiation and bone marrow-derived cell mobilization through TGFbeta-1 [J]. Am J Clin Exp Urol, 2021, 9 (1): 18-31.

KONG H, KUCERA RB, JACK WE. Characterization of a DNA polymerase from the hyperthermophile archaea thermococcus litoralis. vent DNA polymerase, steady state kinetics, thermal stability, processivity, strand displacement, and exonuclease activities [J]. J Biol Chem, 1993, 268 (3): 1965-1975.

KURIEN BT, SCOFIELD RH. Western blotting [J]. Methods, 2006, 38 (4): 283-293.

LANGIEWICZ M, GRAF R, HUMAR B, et al. JNK1 induces hedgehog signaling from stellate cells to accelerate liver regeneration in mice [J]. J Hepatol, 2018, 69 (3): 666-675.

LANGIEWICZ M, SCHLEGEL A, SAPONARA E, et al. Hedgehog pathway mediates early acceleration of liver regeneration induced by a novel two-staged hepatectomy in mice [J]. J Hepatol, 2017, 66 (3): 560-570.

LEE PS, CHIOU YS, CHOU PY, et al. 3'-hydroxypterostilbene inhibits 7, 12-Dimethylbenz [α] anthracene (DMBA) /12-O-tetradecanoylphorbol-13-Acetate (TPA) - induced mouse skin carcinogenesis [J]. Phytomedicine, 2021, 81: 153432.

LI B, ZHANG Z, WAN C. Identification of microproteins in hep3B cells at different cell cycle stages [J]. J Proteome Res, 2022, 21 (4): 1052-1060.

LICHTI U, ANDERS J, YUSPA SH. Isolation and short-term culture of primary keratinocytes, hair follicle populations and dermal cells from newborn mice and keratinocytes from adult mice for in vitro analysis and for grafting to immunodeficient mice [J]. Nat Protoc, 2008, 3 (5): 799-810.

LIM D, BERTOLI A, SORGATO MC, et al. Generation and usage of aequorin lentiviral vectors for Ca (2^+) measurement in sub-cellular compartments of hard-to-transfect cells [J]. Cell Calcium, 2016, 59 (5): 228-239.

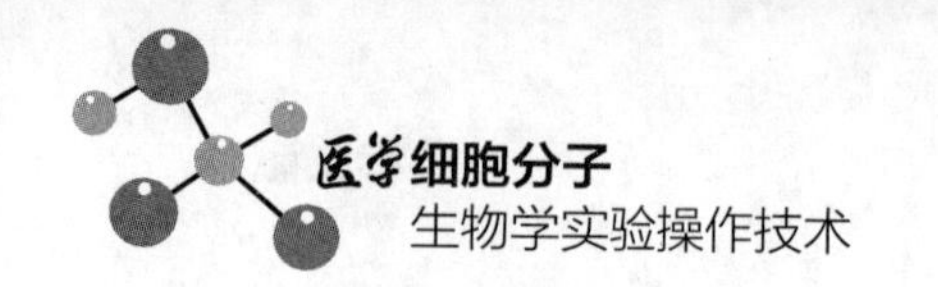

LIU H, LIN W, LIU Z, et al. E3 ubiquitin ligase NEDD4L negatively regulates keratinocyte hyperplasia by promoting GP130 degradation [J]. EMBO Rep, 2021, 22 (5): e52063.

LIU H, ZHANG Y, YUAN J, et al. Dendritic cellderived exosomal miR4943p promotes angiogenesis following myocardial infarction [J]. Int J Mol Med, 2021, 47 (1): 315-325.

MAGAKI S, HOJAT SA, WEI B, et al. An introduction to the performance of immunohistochemistry [J]. Methods Mol Biol, 2019, 1897: 289-298.

MARTÍNEZ-ALONSO M, GONZÁLEZ-MONTALBÁN N, GARCÍA-FRUITÓS E, et al. Learning about protein solubility from bacterial inclusion bodies [J]. Microb Cell Fact, 2009, 8: 4.

MCKINNON KM. Flow cytometry: an overview [J]. Curr Protoc Immunol, 2018, 120: 5. 1. 1-5. 1. 11.

MUKHERJEE S, MO J, PAOLELLA LM, et al. SIRT3 is required for liver regeneration but not for the beneficial effect of nicotinamide riboside [J]. JCI Insight, 2021, 6 (7): e147193.

NISHIOKA M, MIZUGUCHI H, FUJIWARA S, et al. Long and accurate PCR with a mixture of KOD DNA polymerase and its exonuclease deficient mutant enzyme [J]. J Biotechnol, 2001, 88 (2): 141-149.

OKSVOLD MP, NEURAUTER A, PEDERSEN KW. Magnetic bead-based isolation of exosomes [J]. Methods Mol Biol, 2015, 1218: 465-481.

OMRAN H, LOGES NT. Immunofluorescence staining of ciliated respiratory epithelial cells [J]. Methods Cell Biol, 2009, 91: 123-133.

O'BRIEN K, BREYNE K, UGHETTO S, et al. RNA delivery by extracellular vesicles in mammalian cells and its applications [J]. Nat Rev Mol Cell Biol, 2020, 21 (10): 585-606.

PAN WM, WANG H, ZHANG XF, et al. miR-210 participates in hepatic ischemia reperfusion injury by forming a negative feedback loop with SMAD4 [J]. Hepatology, 2020, 72 (6): 2134-2148.

PANT S, HILTON H, BURCZYNSKI ME. The multifaceted exosome: biogenesis, role in normal and aberrant cellular function, and frontiers for pharmacological and biomarker opportunities [J]. Biochem Pharmacol, 2012, 83 (11): 1484-1494.

PIJUAN J, BARCELO C, MORENO DF, et al. In vitro cell migration, invasion, and adhesion assays: from cell imaging to data analysis [J]. Front Cell Dev Biol, 2019, 7: 107.

PONCHEL F, TOOMES C, BRANSFIELD K, et al. Real-time PCR based on SYBR-Green Ⅰ fluorescence: an alternative to the TaqMan assay for a relative quantification of gene rearrangements, gene amplifications and micro gene deletions

[J]. BMC Biotechnol, 2003, 3: 18.

RADA－IGLESIAS A, WALLERMAN O, KOCH C, et al. Binding sites for metabolic disease related transcription factors inferred at base pair resolution by chromatin immunoprecipitation and genomic microarrays [J]. Hum Mol Genet, 2005, 14 (22): 3435－3447.

RAHIM NFC, HUSSIN Y, AZIZ MNM, et al. Cytotoxicity and apoptosis effects of curcumin analogue (2E, 6E) － 2, 6 － Bis (2, 3 － Dimethoxybenzylidine) cyclohexanone (DMCH) on human colon cancer cells HT29 and SW620 in vitro [J]. Molecules, 2021, 26 (5): 1261.

RAO J, CHENG F, ZHOU H, et al. Nogo－B is a key mediator of hepatic ischemia and reperfusion injury [J]. Redox Biol, 2020, 37: 101745.

RAPOSO G, STOORVOGEL W. Extracellular vesicles: exosomes, microvesicles, and friends [J]. J Cell Biol, 2013, 200 (4): 373－383.

RECORD M, SILVENTE－POIROT S, POIROT M, et al. Extracellular vesicles : lipids as key components of their biogenesis and functions [J]. J Lipid Res, 2018, 59 (8): 1316－1324.

RIOL－BLANCO L, ORDOVAS－MONTANES J, PERRO M, et al. Nociceptive sensory neurons drive interleukin－23－mediated psoriasiform skin inflammation [J]. Nature, 2014, 510 (7503): 157－161.

ROSSI R, MONTECUCCO A, CIARROCCHI G, et al. Functional characterization of the T4 DNA ligase: a new insight into the mechanism of action [J]. Nucleic Acids Res, 1997, 25 (11): 2106－2113.

SCHOPPEE BORTZ PD, WAMHOFF BR. Chromatin immunoprecipitation (ChIP): revisiting the efficacy of sample preparation, sonication, quantification of sheared DNA, and analysis via PCR [J]. PLoS One, 2011, 6 (10): e26015.

SEGLEN PO. Preparation of isolated rat liver cells [J]. Methods Cell Biol, 1976, 13: 29－83.

SHAH A. Chromatin immunoprecipitation sequencing (ChIP－Seq) on the SOLiD™ system [J]. Nat Methods, 2009, 6 (4): ii－iii.

SHURTLEFF MJ, YAO J, QIN Y, et al. Broad role for YBX1 in defining the small noncoding RNA composition of exosomes [J]. Proc Natl Acad Sci USA, 2017, 114 (43): E8987－E8995.

SIDHOM K, OBI PO, SALEEM A. A review of exosomal isolation methods: is size exclusion chromatography the best option [J]. Int J Mol Sci, 2020, 21 (18): 6466.

SIMONS M, RAPOSO G. Exosomes － vesicular carriers for intercellular communication [J]. 2009, 21 (4): 575－581.

SINGH VK, MANGALAM AK, DWIVEDI S, et al. Primer premier: program for design of degenerate primers from a protein sequence [J]. Bio Techniques, 1998, 24

(2)：318－319.

SLOUKA C，KOPP J，Hutwimmer S，et al. Custom made inclusion bodies：impact of classical process parameters and physiological parameters on inclusion body quality attributes [J]. Microb Cell Fact，2018，17 (1) ：148.

SONG PY，ZHANG SM，LI JG. Co－immunoprecipitation assays to detect in vivo association of phytochromes with their interacting partners [J]. Methods Mol Biol，2021，2297：75－82.

STEEL CD，STEPHENS AL，HAHTO SM，et al. Comparison of the lateral tail vein and the retro－orbital venous sinus as routes of intravenous drug delivery in a transgenic mouse model [J]. Lab Anim (NY)，2008，37 (1)：26－32.

SUNDARAM AY，HUGHES T，BIONDI S，et al. A comparative study of ChIP－seq sequencing library preparation methods [J]. BMC Genomics，2016，17 (1)：816.

TIAN YD，CHUNG MH，QUAN QL，et al. UV－induced reduction of ACVR1C decreases SREBP1 and ACC expression by the suppression of SMAD2 phosphorylation in normal human epidermal keratinocytes [J]. Int J Mol Sci，2021，22 (3).

TIZRO P，CHOI C，KHANLOU N. Sample preparation for transmission electron microscopy [J]. Methods Mol Biol，2019，1897：417－424.

TKACH M，THÉRY C. Communication by extracellular vesicles：where we are and where we need to go [J]. Cell，2016，164 (6)：1226－1232.

TOBLER AR，PICKLE L，MARNELLOS G，et al. Abstract 3002：multiplexing ChIP－Seq and rapid chromatin preparation from solid mammalian tissues for low cell ChIP assays [J]. Cancer Res，2011，71 (8 Suppl)：3002.

TODA G，YAMAUCHI T，KADOWAKI T，et al. Preparation and culture of bone marrow－derived macrophages from mice for functional analysis [J]. STAR Protoc，2021，2 (1)：100246.

TRAN S，BABA I，POUPEL L，et al. Impaired kupffer cell self－renewal alters the liver response to lipid overload during non－alcoholic steatohepatitis [J]. Immunity，2020，53 (3)：627－640. e5.

VALASEK MA，REPA JJ. The power of real－time PCR [J]. Adv Physiol Educ，2005，29 (3)：151－159.

VAN NIEL G，D'ANGELO G，RAPOSO G. Shedding light on the cell biology of extracellular vesicles [J]. Nat Rev Mol Cell Biol，2018，19 (4)：213－228.

WALTHER C，MAYER S，SEKOT G，et al. Mechanism and model for solubilization of inclusion bodies [J]. Chem Eng Sci，2013，101：631－641.

WANG HZ，CHU ZZ，CHEN CC，et al. Recombinant passenger proteins can be conveniently purified by one－step affinity chromatography [J]. PLoS One，2015，10 (12)：e0143598.

WANG X，SPANDIDOS A，WANG H，et al. PrimerBank：a PCR primer database for quantitative gene expression analysis, 2012 update [J]. Nucleic Acids Res, 2012, 40 (Database issue): D1144—D1149.

WANG Z, ZENG FL, HU YW, et al. Interleukin—37 promotes colitis—associated carcinogenesis via SIGIRR — mediated cytotoxic T cells dysfunction [J]. Signal Transduct Target Ther, 2022, 7 (1): 19.

WANG Z, ZHOU H, ZHENG H, et al. Autophagy—based unconventional secretion of HMGB1 by keratinocytes plays a pivotal role in psoriatic skin in flammation [J]. Autophagy, 2021, 17 (2): 529—552.

WEI H, CAITLIN THERRIEN, AINE BLANCHARD, et al. The fidelity index provides a systematic quantitation of star activity of DNA restriction endonucleases [J]. Nucleic Acids Res, 2008, 36 (9): e50.

WILLMS E, CABAÑAS C, MÄGER I, et al. Extracellular vesicle heterogeneity: subpopulations, isolation techniques, and diverse functions in cancer progression [J]. Front Immunol, 2018, 9: 738.

WITWER KW, BUZÁS EI, BEMIS LT, et al. Standardization of sample collection, isolation and analysis methods in extracellular vesicle research [J]. J Extracell Vesicks, 2013, 2: 1—25.

WOODLAND RM, EL — SHEIKH H, DAROUGAR S, et al. Sensitivity of immunoperoxidase and immunofluorescence staining for detecting chlamydia in conjunctival scrapings and in cell culture [J]. J Clin Pathol, 1978, 31 (11): 1073—1077.

YANG JW, FU JX, LI J, et al. A novel co—immunoprecipitation protocol based on protoplast transient gene expression for studying protein—protein interactions in rice [J]. Plant Mol Biol Rep, 2014, 32: 153—161.

YAZDANI HO, KALTENMEIER C, MORDER K, et al. Exercise training decreases hepatic injury and metastases through changes in immune response to liver ischemia/reperfusion in mice [J]. Hepatology, 2021, 73 (6): 2494—2509.

YE J, COULOURIS G, ZARETSKAYA I, et al. Primer—BLAST: a tool to design target—specific primers for polymerase chain reaction [J]. BMC Bioinformatics, 2012, 13: 134.

ZHANG S, WANG M, WANG C, et al. Intrinsic abnormalities of keratinocytes initiate skin inflammation through the IL—23/T17 axis in a MALT1—dependent manner [J]. J Immunol, 2021, 206 (4): 839—848.